建筑装饰
工程量清单编制研究

张翠竹 ◎ 著

湘潭大学出版社
XIANGTAN UNIVERSITY PRESS

前　言

在建筑装饰工程领域，工程量清单是连接工程设计与施工落地的标准化媒介，它能准确反映工程内容，是控制工程造价的关键依据，是连接发包方、承包方以及其他相关参与方的重要纽带。

建筑装饰工程涉及多样化材料、复杂工艺以及个性化设计要求，呈现显著的复杂性。对于众多从业者而言，编制建筑装饰工程量清单并非易事，深入研究其编制技巧尤为重要。

装饰材料种类繁多，涵盖各类石材、木材、陶瓷、金属、玻璃等，每种材料又有不同的规格、型号、质量等级之分，在编制工程量清单时，必须精确地描述材料的各项属性，确保施工方能够准确采购并使用符合要求的材料。例如，仅石材就有大理石、花岗岩等不同种类，还会因产地、纹理、色泽等因素做进一步细分。要在清单中清晰准确地界定这些内容，是一项颇具挑战性的任务。

建筑装饰工程汇聚了各种各样的施工工艺，如墙面的裱糊、涂刷、干挂石材，地面的铺贴、找平、打磨，以及各类造型的制作、安装等。这些工艺在操作流程上存在差异，在质量控制、计量方式等方面各具特点。编制工程量清单时，需要深入理解每一种工艺的细节，将其准确转化为清单中的项目特征描述，以便施工单位清楚知晓工程要求。这意味着编制人员要深入掌握大量复杂且细致的工艺知识，任何对工艺理解的偏差都可能导致清单项目特征描述不准确，进而影响整个工程的顺利进行。

建筑装饰工程的设计通常具有较高的个性化要求。不同的项目可能会根据业主的喜好、建筑的功能定位等因素呈现出截然不同的装饰风格和设计细节，需要工程量清单编制人员敏锐地捕捉到这些设计要求，并在清单中合理体现出来，确保清单完整地反映出工程的实际设计内容。将抽象的设计理念转化为具体的清单项目和准确的计量计价内容，是对编制人员的专业素养和实践经验的综合考验。

本书旨在帮助读者克服建筑装饰工程量清单编制的种种困难，为读者提供一条从零基础逐步掌握建筑装饰工程量清单编制的有效途径。通过详细剖析编制技巧，让读者掌握应对各种编制难题的方法和技巧，能够准确、高效地编制出符合要求的工程量清单，为建筑装饰工程的造价控制、施工的顺利进行等提供有力的保障。

目　录

第1章　建筑装饰工程量清单编制概述 ……………………………………………… (1)

1.1　建筑装饰工程概述 ………………………………………………………… (1)

1.2　建筑装饰工程涵盖的范围 ………………………………………………… (2)

1.3　建筑装饰工程的特点 ……………………………………………………… (6)

1.4　工程量清单编制在建筑装饰工程中的作用 ……………………………… (7)

第2章　基础型装饰工程量清单编制 ……………………………………………… (10)

2.1　楼地面工程 ………………………………………………………………… (10)

2.2　墙柱面工程 ………………………………………………………………… (19)

2.3　顶棚工程 …………………………………………………………………… (26)

2.4　门窗工程 …………………………………………………………………… (38)

2.5　柜类工程 …………………………………………………………………… (41)

第3章　标准型装饰工程量清单编制 ……………………………………………… (44)

3.1　拆除工程 …………………………………………………………………… (44)

3.2　新建工程 …………………………………………………………………… (50)

3.3　防水工程 …………………………………………………………………… (55)

3.4 楼梯、台阶装饰工程 …………………………………………………… (61)
3.5 墙、柱饰面及隔断工程 …………………………………………………… (67)
3.6 格栅吊顶工程 …………………………………………………… (76)
3.7 门窗相关工程 …………………………………………………… (84)

第4章 综合型装饰工程量清单编制 …………………………………………… (92)

4.1 其他材料面层楼地面 …………………………………………………… (92)
4.2 墙柱面干挂及幕墙工程 …………………………………………………… (104)
4.3 软膜天花吊顶工程 …………………………………………………… (113)
4.4 其他装饰工程 …………………………………………………… (117)
4.5 措施项目 …………………………………………………… (120)

参考文献 …………………………………………………… (123)

第1章　建筑装饰工程量清单编制概述

1.1　建筑装饰工程概述

1.1.1　建筑装饰工程的概念

建筑装饰工程是指通过使用建筑装饰材料对建筑物、构筑物的外表和内部进行美化、修饰等处理，以起到保护主体结构、完善使用功能、美化空间和渲染环境的作用。

建筑装饰工程由装修和装饰两个部分组成。二者的概念是不同的，但目前尚无统一的区分标准。

装修是指建筑物主体结构完成后，为保护主体结构、满足使用需求而进行的建造活动，装修后可保证房屋使用的基本条件。传统意义上的装修是指对结构部位进行初步保护、完善使用功能等，随着人们生活质量的提高，仅进行粗装修便使用的房屋越来越少。

装饰又分为硬装和软装。硬装是以满足使用功能为基础、以美学原理为依据、以各种装饰材料为载体，运用正确的施工方法，通过精工细作而实现，通常是不可移动与变化的，如二次精装等。软装指在硬装完成之后，人们为了满足功能、美化空间以及烘托氛围，在建筑物表面或者室内附加装饰物及设置、设备，通常是可以移动与变化的，如窗帘、沙发等各种家具或陈设。

建筑装饰工程不仅能够满足使用者对功能的需求，而且能够美化空间、渲染环境，并且承载着装饰设计师的设计思想。

1.1.2 装饰工程的发包形式与预算的关系

通常，建筑的主体结构完工以后，要分别对建筑的外部和内部进行装饰装修。

在进行工程发包时，分为以下几种情况：

（1）在建筑施工图的设计说明中，通过文字描述室内的装饰装修做法。这种通过设计说明用文字描述装饰装修做法的形式，通常意义下适用于对装饰装修要求不高的室内装修，也就是我们俗称的简装。简装一般无独立的装饰施工图纸，根据建筑施工图对内部装修的描述（通常用文字或表格进行简装描述）进行装修，如地面找平，墙面、顶棚抹灰等。从节约成本的角度考虑，在这种情况下，房屋建筑工程与室内装修进行共同发包，由同一家施工单位进行施工。由于房建和室内装修由同一家施工单位施工，施工的时间搭接更加紧凑，同时省去了不少与其他单位协调配合的工作费用。在资源利用方面也更加充分，如可以共用室内的脚手架，只需增加改架工，大大节约了甲方成本。待工程全部完工交付使用后，根据实际使用要求，由业主另行二次装修，也就是我们俗称的精装。

（2）建筑施工图中往往包含着建筑外墙立面图，外墙装修是否与房建分开发包视情况而定。在没有特殊要求的情况下，建议与房建共同发包，以节约甲方成本，如可以减少协调成本、资源充分利用等。

（3）有独立的装饰施工图纸，建筑主体结构完成后，直接进入精装施工或在简装的基础上进行二次装修，这种与房建分开发包的装饰工程，称为单独发包的装饰工程，其计费基础、取费费率与共同发包的工程不同。

综上所述，装饰工程采取什么样的发包形式与工程造价的关系很密切，甲方在划分工程的发包范围时，应重点考虑其与成本的关系，综合各种因素后，选择最节约成本的方式发包。

1.2 建筑装饰工程涵盖的范围

1.2.1 室内装饰工程

1. 墙面装饰

（1）涂料类：包括乳胶漆、艺术涂料等的涂刷，通过在墙面上涂抹不同颜色和质地的涂料来达到装饰效果，可根据设计要求进行不同的色彩搭配和质感处理。

（2）壁纸、壁布类：将各种图案、材质的壁纸或壁布粘贴在墙面上，由于其种类丰富，有纸质、无纺布、PVC 等材质，能营造出多样的装饰风格，从简约现代到古典华丽等均可实现。

（3）板材类：包括木质饰面板、防火板、铝塑板等的安装，可通过拼接、造型等方式使墙面呈现出独特的视觉效果，常用于一些需要强调质感或造型的空间，如商业场所的背景墙等。

（4）石材类：包括大理石、花岗岩等天然石材或人造石材的干挂、湿贴等安装方式，多用于高档住宅、酒店大堂等场所的墙面装饰，能展现出豪华、大气的质感。

（5）集成墙板类：一种新型的墙面装饰，具有安装便捷、装饰性强等特点，可通过拼接实现快速装修，并且有多种花色和款式可供选择。

2. 地面装饰

（1）地砖类：包括陶瓷地砖、全抛釉地砖、玻化砖等，其规格多样，色彩丰富，可根据不同的空间功能和设计风格进行选择，常用于客厅、厨房、卫生间等场所的地面铺设，具有耐磨、易清洁等特点。

（2）木地板类：包括实木地板、强化复合木地板、实木复合木地板等，能为室内营造出温馨、自然的氛围，通常用于卧室、书房等相对安静的空间不同类型的木地板在材质、性能和价格上存在差异。

（3）石材地面：与墙面石材类似，天然大理石、花岗岩等石材也可用于地面铺设，多用于高档场所，如豪华酒店的大堂、总统套房等，其质感较好、美观度较高，但造价相对较高，且需要进行防滑处理。

（4）地毯类：包括羊毛地毯、化纤地毯等多种类型，可分为满铺地毯和局部铺设的块毯，能起到吸音、保暖、装饰等作用，常用于卧室、会议室等需要营造舒适氛围的空间。

3. 顶面装饰

（1）吊顶工程：可分为轻钢龙骨吊顶、木龙骨吊顶等。根据设计要求，可以做成平面吊顶、造型吊顶（如跌级吊顶、穹顶等），通过安装龙骨并覆盖石膏板、铝扣板、PVC 板等饰面板来实现顶面的装饰效果，常用于客厅、餐厅、商业场所等空间，以隐藏顶面的管道、电线等设施，提升空间的美观度。

（2）顶棚涂刷：直接在顶面基层上涂刷乳胶漆等涂料，操作相对简单，成本较低，适用于一些对顶面装饰要求不高的空间，如普通住宅的卧室、厨房等。

4. 门窗工程

（1）门窗安装：包括各类材质的门（如木门、铝合金门、塑钢门等）和窗（如铝合金窗、塑钢窗、断桥铝窗等）的安装。门的类型有入户门、室内门（如卧室门、厨房门等）。不同类型的门窗在功能、材质、外观等方面各有特点，需根据具体的空间需求和安全要求进行选择。

（2）门窗套及五金件安装：在门窗周边安装门套、窗套，既能起到保护门窗边缘的作用，又能增加装饰性；同时，还要安装与之配套的五金件（如门锁、合页、把手等），以确保门窗的正常使用和美观度。

5. 细部装饰工程

（1）踢脚板安装：踢脚板通常安装在墙面与地面的交界处，有木质踢脚板、陶瓷踢脚板、金属踢脚板等多种类型，其作用是保护墙面底部不受磨损，同时起到一定的装饰作用。

（2）腰线安装：在墙面上特定高度处安装腰线，一般为瓷砖、石材等材质，可增强墙面的层次感和装饰性，常用于卫生间、厨房等场所。

（3）装饰线条安装：包括木质装饰线条、石膏装饰线条、金属装饰线条等，可用于墙面、顶面、门窗等部位的装饰，通过拼接、造型等方式来增添空间的装饰效果。

1.2.2　室外装饰工程

1. 外墙装饰

（1）外墙涂料：涂刷在外墙表面的涂料，其性能要求比室内涂料更高，需要具备良好的耐候性、抗紫外线能力等，常见的有乳胶漆、氟碳漆等，可通过不同的颜色搭配和涂刷工艺来实现外墙的装饰效果。

（2）外墙砖：包括陶瓷外墙砖、劈开砖等，具有较好的耐久性和装饰性，通过铺贴在外墙表面来美化建筑物外观，常用于多层住宅、商业建筑等外墙装饰。

（3）石材幕墙：采用天然大理石、花岗岩等石材，通过干挂等方式安装在外墙上，形成幕墙效果，多用于高档写字楼、酒店等大型建筑物的外墙装饰，能展现出高档、大气的外观。

（4）金属幕墙：包括铝板幕墙、不锈钢幕墙等，利用金属板材的特性，通过拼接、造型等方式实现外墙的装饰效果，具有质轻、强度高、耐候性好等特点，常用于现代建筑的外墙装饰。

（5）玻璃幕墙：由玻璃板材通过结构胶等方式连接并安装在外墙上，形成透明或半透明的幕墙效果，能使建筑物外观更加现代，常用于商业中心、写字楼等大型建筑物的外墙装饰。

2. 屋面装饰

（1）屋面瓦安装：包括陶瓦、彩钢瓦、沥青瓦等，通过在屋面上铺设不同类型的瓦来实现屋面的装饰效果，同时起到防水、保温等作用，常用于住宅、小型商业建筑等屋面装饰。

（2）屋面防水层上的装饰层：在屋面防水层上可以设置一些装饰材料，如铺设彩色石子、铺设人工草坪等，以增加屋面的美观度，但这种做法通常需要在确保屋面防水性能良好的基础上进行。

3. 室外门窗工程

（1）室外门窗安装：包括各类材质的室外门（如防盗门、防火门等）和室外窗（如铝合金窗、塑钢窗、断桥铝窗等）的安装，其功能主要是保障建筑物的安全、通风、采光等，同时起到一定的装饰作用。

（2）室外门窗套及五金件安装：与室内门窗类似，在室外门窗周边安装门套、窗套，以及配套的五金件，以增加装饰性，确保门窗的正常使用。

4. 室外细部装饰

（1）外墙腰线、装饰线条：与室内类似，在外墙上安装腰线、装饰线条等，可增强外墙的层次感和装饰性，通常采用石材、金属等材质，通过焊接、粘贴等方式安装。

（2）雨棚安装：在建筑物入口处或室外阳台等部位安装雨棚，有金属雨棚、塑料雨棚、玻璃雨棚等多种类型，其作用是为人们提供遮阳、避雨的场所，同时起到一定的装饰作用。

（3）栏杆、扶手安装：包括不锈钢栏杆、铝合金栏杆、木质栏杆等，安装在建筑物的阳台、楼梯、室外平台等部位，既能保障人员的安全，又能起到装饰作用。

1.3 建筑装饰工程的特点

建筑装饰工程是在已有建筑结构的基础上对建筑物进行美化和完善，它不能脱离建筑物的基本结构而存在。

1.3.1 建筑装饰工程受其他工程制约

1. 受结构工程制约

装饰工程的施工必须在确保建筑物结构安全的前提下进行。例如，在进行墙面干挂石材装饰时，如果建筑物的墙体结构本身存在问题，如墙体强度不够，就无法进行正常的施工，即使施工完成，也可能会因为墙体变形等原因导致石材脱落等安全隐患。

2. 受给排水工程制约

装饰工程中一些设施的装饰效果会受到给排水工程的影响。例如，如果给排水管道布局不合理，可能会导致卫生间、厨房的空间利用不充分，或者在装饰完成后出现管道渗漏等问题，影响装饰效果和使用功能。

3. 电气工程制约

电气工程对装饰工程也有制约作用。例如，在进行室内装饰时，如果没有提前规划好电气线路的敷设，可能会导致在装饰完成后需要重新开槽布线，破坏已有的装饰效果，或者出现电气线路过载等安全隐患。

1.3.2 建筑装饰工程影响其他工程

1. 对结构工程的影响

虽然装饰工程本身不承担建筑物的结构荷载，但一些装饰做法可能会对结构工程产生一定的影响。例如，在建筑物屋顶上安装大型的装饰雕塑或天线等设施时，由于这些设施的重量会增加屋顶的荷载，需要对结构工程进行相应的调整，如对屋顶结构进行加固等。

2. 对给排水工程的影响

装饰工程中的一些设计变更可能会影响给排水工程。例如，将卫生间的布局进行调整，可能会导致给排水管道需要重新铺设，从而影响给排水工程的正常运行。

3. 对电气工程的影响

装饰工程中的一些布局调整或装饰材料的选择会对电气工程产生影响。例如，在选择金属装饰材料时，如果不考虑其导电性能，可能会导致电气线路短路等安全隐患。在进行室内装饰布局调整时，可能会导致电气插座、开关等位置不合理，影响电气设备的正常使用。

1.3.3　建筑装饰工程与其他工程协同工作的必要性

在建筑工程项目的实施过程中，建筑装饰工程与其他工程必须协同工作，才能确保项目的顺利完成。例如，在项目的前期设计阶段，建筑装饰工程师要与结构工程师、给排水工程师、电气工程师等密切沟通，将装饰工程的需求（如空间布局、装饰材料的选择等）告知其他工程师，同时了解其他工程领域的要求（如结构安全、给排水系统的设置、电气工程的配置等），以便在设计方案中综合考虑各方面的因素，达到最佳的设计效果。在施工阶段，各工程领域的施工人员也要密切配合，按照施工计划有序进行施工，避免出现相互干扰、影响施工进度和质量的情况。

建筑装饰工程与其他工程既有明显的区别，又有紧密的联系，只有充分认识到它们之间的关系，才能在建筑工程项目的实施过程中更好地协调各工程领域的工作，确保项目的顺利完成。

1.4　工程量清单编制在建筑装饰工程中的作用

1.4.1　控制工程造价

1. 准确估算工程成本

工程量清单详细列出了建筑装饰工程中的各个分项工程及其对应的工程量，依据相应的计价规范和市场价格信息，能够准确计算出完成该工程所需的各项费用，包括人工费、材料费、机械使用费以及管理费、利润等，从而为发包方（业主）提供较为准确的工程成本估算依据，有助于发包方在项目前期合理规划资金，确定项目预算，避免因成本估算不准确导致资金短缺或浪费的情况发生。

2. 控制工程变更费用

在建筑装饰工程施工过程中，难免会出现工程变更的情况，如设计修改、施工条件变化等。工程量清单作为工程计价的基础文件，明确了各项工程内容及其计价方式。当发生变更时，可以根据清单中已有的项目特征、工程量计算规则以及计价办法，快速准确地确定变更部分的工程量和费用，从而有效控制工程变更所带来的额外费用支出，确保工程造价始终处于可控状态。

1.4.2 合同管理

1. 构成合同文件的重要组成部分

工程量清单通常是建筑装饰工程施工合同的必备附件之一，与合同协议书、通用条款、专用条款等共同构成完整的合同文件。工程量清单详细规定了工程的具体范围、内容、工程量以及计价方式等关键信息，明确了发包方和承包方在工程计量、计价、付款等方面的权利和义务，为合同的履行提供了清晰的依据，避免了双方在合同执行过程中因工程内容和计价方式不明确而产生的争议和纠纷。

2. 规范合同计价与结算方式

基于工程量清单编制的合同，一般采用综合单价计价法或总价计价法等明确的计价方式。采用综合单价计价法时，每个清单项目都有对应的综合单价，包含完成该项目所需的全部费用。综合单价计价法便于在施工过程中根据实际完成的工程量进行计价结算。总价计价法则是根据清单项目的总价进行结算，在合同签订时就确定了工程的总价款。无论是哪种计价方式，工程量清单都为合同计价和结算提供了标准化、规范化的操作流程，确保合同双方能够按照约定的方式准确、公平地进行计价和结算。

1.4.3 指导项目工程的实施

1. 指导施工单位组织施工

施工单位在拿到工程量清单后，可以根据清单中所列的项目顺序、工程量大小以及项目特征等信息，合理规划施工顺序、安排施工资源（如人力、物力、机械设备等），制定详细的施工计划。例如，根据墙面装饰项目的工程量和施工工艺要求，确定需要配备的施工人员数量、施工工具以及材料采购量等，从而实现施工资源的优化配置，提高施工效率，确保工程顺利进行。

2. 便于工程计量与计价

在建筑装饰工程施工过程中，需要定期对已完成的工程进行计量和计价，以便发包方按照合同约定支付工程进度款。工程量清单明确了各项工程的计量规则和计价方式，使得工程计量和计价工作有了统一的标准和依据。施工单位可以按照清单规定的计量规则准确计算已完成工程的工程量，发包方也可以依据清单中的计价方式对施工单位提交的工程进度款申请进行审核，确保计量和计价的准确性和公正性。

3. 促进项目参与各方的沟通与协作

工程量清单是建筑装饰工程各参与方（发包方、承包方、设计单位、监理单位等）沟通交流的重要基础文件。在项目前期，发包方通过工程量清单向承包方明确工程要求；在施工过程中，承包方依据清单组织施工并与发包方就工程计量、计价等问题进行沟通协商；设计单位可以参考清单了解工程的实际实施情况，以便在需要时进行设计调整；监理单位则依据清单对施工过程进行监督管理，确保工程质量和计价的准确性。通过工程量清单，各参与方能够围绕共同的文件基础开展工作，促进了项目参与各方的沟通与协作，提高了项目整体的管理效率。

第 2 章　基础型装饰工程量清单编制

2.1　楼地面工程

2.1.1　楼地面工程量清单编制

1. 楼地面工程的概念

楼地面工程包括地面工程和楼面工程两部分。地面工程一般是在素土夯实后施工，由垫层、防水层、找平层、结合层、面层等构成。垫层直接铺设在素土上，一般见于一楼以及地下室等直接与土壤层接触的空间。楼面工程一般由找平层、结合层、面层等构成，一般不设置垫层，找平层直接铺设在钢筋混凝土楼板上。地面工程与楼面工程的铺设基础不同，其构造层次不同，清单编制也有差异。

2. 楼地面工程量清单

在《房屋建筑与装饰工程工程量计算标准》（GB/T 50854—2024）中，楼地面工程主要体现在“附录 L 楼地面装饰工程”中，少部分体现在“附录 D 砌筑工程”中。楼地面工程主要由整体面层及找平层、石材及块料面层、橡塑面层、其他材料面层、踢脚线、楼梯面层、台阶装饰、零星装饰项目、装配式楼地面及其他等 9 个部分组成。根据面层材料可分为整体面层、块料面层、橡塑面层、其他材料面层；根据装修部位可分为楼地面装修、楼梯台阶装修、踢脚线装修；根据装修形态可分为常规装修和零星装修。

3. 楼地面工程量清单编制要点

楼地面工程是装饰工程的重要组成部分，其施工面积大、费用高，一般有施工图。

在编制工程量清单时需注意以下要点：

（1）判断是楼面工程还是地面工程，对于大型的装饰工程项目，二者均存在。

（2）判断该楼地面工程是否有防水要求，对于有防水要求的需要考虑防水工程。

（3）确定该楼地面工程的构造层次和施工工艺，项目特征的内容与构造层次和施工工艺直接相关。构造层次在施工图中常以楼地面节点大样图呈现，施工工艺常体现在施工图的设计说明中。如果均未体现且无法落实具体做法，可按施工中的常规做法确定项目特征的内容。

（4）按《房屋建筑与装饰工程工程量计算标准》（GB/T 50854—2024）中的计算规则计算工程量。

（5）对于有争议的部分，条件允许时可以现场实测实量。

（6）《房屋建筑与装饰工程工程量计算标准》（GB/T 50854—2024）中存在多个计量单位的情况，只能选择一个计量单位，不可同时存在多个计量单位。根据现场实际情况，以方便计量和计价为原则确定计量单位。

2.1.2　典型示例

【例 2.1】某建筑装饰施工图如图 2.1 所示，根据施工图列出楼地面工程量清单。

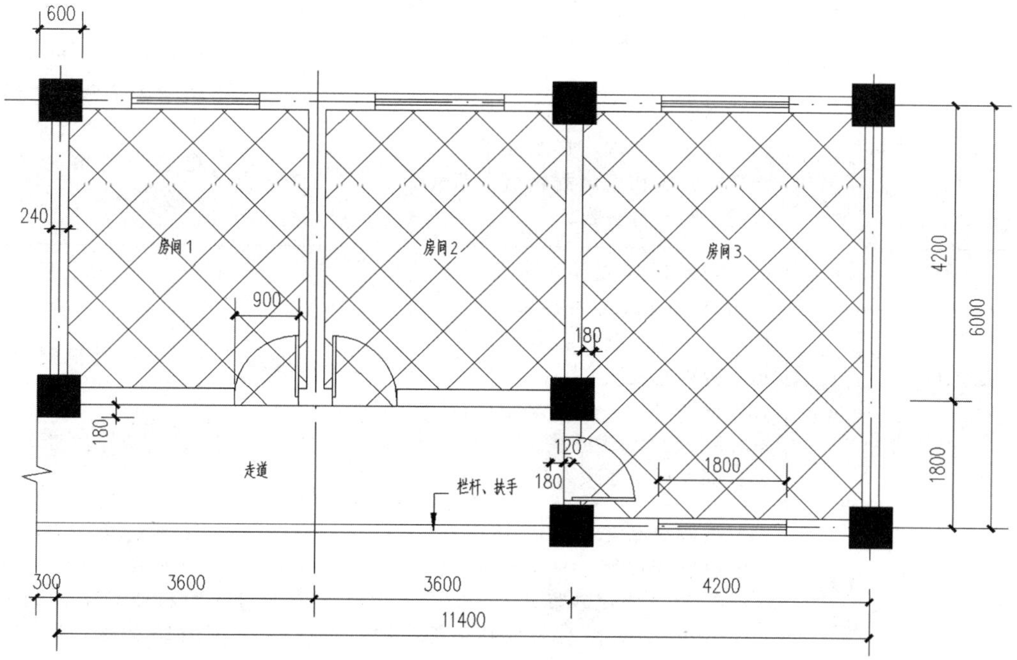

楼地面装饰装修表

位置	楼地面做法	踢脚线做法
房间	现浇水磨石楼面，10 mm厚1:3白水泥白石子浆磨光酸洗打蜡 3 mm厚玻璃分格条 素水泥浆一道（内掺建筑胶） 20 mm厚M20水泥砂浆找平层	20 mm厚M20水泥砂浆贴120 mm宽陶瓷砖 素水泥浆一道（内掺建筑胶）
走道	10 mm厚M20水泥砂浆压实赶光 素水泥浆一道（内掺建筑胶） 20 mm厚M20水泥砂浆找平层	120 mm高15 mm厚M20水泥砂浆抹面压光 素水泥浆一道（内掺建筑胶）

图 2.1　建筑装饰施工图

解：（1）列清单项目表，如表 2.1 所示。

表 2.1　分部分项工程清单

项目编码	项目名称	项目特征	计量单位	工程量	说明
011101002001	现浇水磨石楼地面	（1）找平层厚度、砂浆配合比：20 mm厚M20水泥砂浆 （2）面层厚度、水泥石子浆配合比：10 mm厚1∶3白水泥白石子浆 （3）嵌条材料种类、规格：3 mm厚玻璃 （4）石子种类、规格：白石子，粒径5～8 mm （5）颜料种类、颜色：矿物颜料，白色 （6）图案要求：根据设计图纸 （7）磨光、酸洗、打蜡要求：金刚石磨光机初磨细磨精磨，草酸清洗，晾干打石蜡	m^2	49.42	嵌条可以用来拼接图案，也可以用来防水磨石开裂（图 2.2，图 2.3），常见材料为铜条和玻璃条；根据面层10 mm厚推断石子粒径为5～8 mm（图 2.4）；颜料常用矿物颜料（图 2.5）；图案要求常无法用文字描述；磨光通常为粗磨、细磨和精磨3遍
011101001001	水泥砂浆楼地面	（1）找平层厚度、砂浆配合比：20 mm厚M20水泥砂浆 （2）素水泥浆遍数：素水泥浆一道（内掺建筑胶） （3）面层厚度、砂浆配合比：10 mm厚M20水泥砂浆 （4）面层做法要求：压实赶光	m^2	12.4	按施工图描述项目特征
011105003001	块料踢脚线	（1）踢脚线高度：120 mm （2）粘贴层厚度、材料种类：20 mm厚M20水泥砂浆 （3）面层材料品种、规格、颜色：陶瓷砖	m	47.1	在国标清单中，第4条项目特征是“防护材料种类”，此处未使用防护材料，不用描述

续表

项目编码	项目名称	项目特征	计量单位	工程量	说明
011105001001	水泥砂浆踢脚线	(1) 踢脚线高度：120 mm (2) 底层厚度、砂浆配合比：10 mm 厚 M20 水泥砂浆 (3) 面层厚度、砂浆配合比：5 mm 厚 M20 水泥砂浆 (4) 素水泥浆遍数：素水泥浆一道（内掺建筑胶）	m	7.44	施工图明确了踢脚线的总厚度是 15 mm，常分两次进行施工，即底层和面层，此处将底层设为 10 mm 厚，面层设为 5 mm 厚

图 2.2　水磨石 T 形嵌条

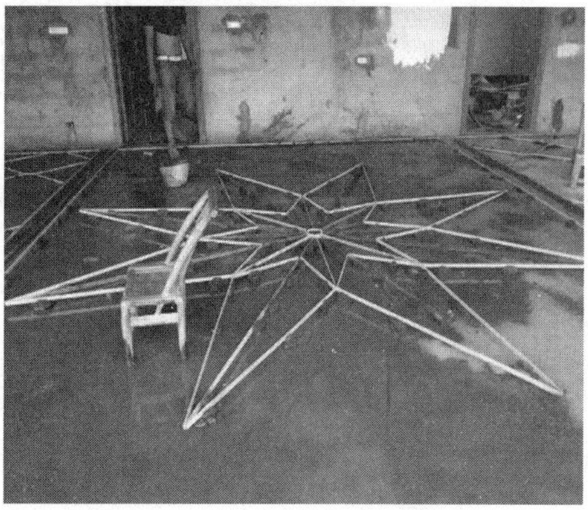

图 2.3　水磨石嵌条造型

图 2.4　水磨石石子

图 2.5　氧化铁水磨石矿物颜料

（2）计算清单工程量。

现浇水磨石楼地面：(3.6－0.24＋3.6－0.24)×(4.2－0.24)＋(6－0.24)×(4.2－0.24)＝49.42 m^2

块料踢脚线：[(3.6－0.24＋4.2－0.24)×2－0.9＋0.12×2]×2＋(6－0.24＋4.2－0.24)×2＋0.18×2－0.9＋0.12×2＝47.1 m

水泥砂浆楼地面：(3.6＋3.6＋0.3－0.12)×(1.8－0.12)＝12.4 m^2

水泥砂浆踢脚线：3.6＋3.6＋0.3－0.12＋0.18＋1.8－0.12＋0.18－0.9×3＋0.12×2×3＝7.44 m

特别提示：

1. 现浇水磨石楼地面：计算式中“0.24”是墙体的厚度。根据计算规则，门洞开口部分不增加面积。

2. 块料踢脚线：计算式中“0.9”是门洞的宽度，“0.12×2”是门洞侧面宽度的一半，施工图中未包门套，门的位置考虑在墙中线处，踢脚线算到门洞侧面宽度的一半。“0.18×2”是房间3边柱的两个侧面，突出墙体的柱侧面踢脚线应并入踢脚线长度内。

3. 水泥砂浆楼地面：计算式中“0.12”是门洞侧面宽度的一半，施工图中未包门套，门的位置考虑在墙中线处，踢脚线算到门洞侧面宽度的一半。

4. 水泥砂浆踢脚线：计算式中“0.12×2”是一个门洞的两个侧面的长度的一半，“×3”是三个门洞。

该设计图纸用文字描述装饰装修做法。这种在房屋建筑施工图中用文字描述装饰装修做法的方式一般出现在简装中。在编制工程量清单之前，应对整个工程的地面装饰情况进行分析、分类。通过分析可知，地面做法只有两种，房间采用现浇水磨石，过道采用水泥砂浆地面，两者均属于一次性连续铺筑而成的楼面装饰方式，统称为整体面层。该楼面装修造价低，在简装中最常使用。特别要注意的是，在现浇水磨石楼地面的做法中，有一道施工工序是水泥砂浆找平，而国标清单中有“平面砂浆找平层”这一项清单项目，是否将现浇水磨石中水泥砂浆找平这一道施工工序单独列项为“平面砂浆找平层”，令很多造价新手感到困惑。根据国标清单中的说明可知“平面砂浆找平层”只适用于仅做找平层的平面抹灰，而在本例中，地面的做法中不仅做了找平，还现磨了水磨石，因此水泥砂浆找平不应单独列项，而应列入现浇水磨石楼地面清单中。

通过分析图纸说明可知，踢脚线的做法分为两种，过道采用水泥砂浆踢脚线，房间内踢脚线则采用陶瓷砖粘贴的方式，属于块料类。踢脚线虽然是贴于墙脚处，却被划入楼地面工程，这是由于一般情况下地面装饰应尽可能与踢脚线同时施工。主要出于两方面的考虑：一方面，为了地面装饰搭配效果，踢脚线的材质、色彩多与地面装饰一致，很多踢脚线由地面砖直接切割而成；另一方面，由于热胀冷缩，地面在铺贴装饰材料时与墙边应保持一定的距离，一般留 10～20 mm 的缝隙，用踢脚线可将这条缝隙盖住。因此，踢脚线应尽可能在地面装饰结束后施工，将踢脚线列入楼地面工程，在清单的应用上更为方便。

现浇水磨石楼地面和水泥砂楼地面这两项清单适用于同一计算规则，在计算工程量时要注意，工程量实为房间或过道的净面积，应按墙中线尺寸扣除墙体的厚度计算得到。该施工图中有很多墙垛，由于这些墙垛的面积≤0.3 m²，不用扣除。在每个门洞口处有 0.24×0.9 m² 的洞口面积，根据计算规则，门洞开口部分不增加面积，不用计算。

踢脚线算量时，哪里有便算哪里。柱的拐角位置都应计算，而门洞处由于没有踢脚线，所以应减掉门洞的面积。洞口的侧面踢脚线在没有特殊规定的情况下，一般算至墙厚的一半处，即一个门洞处应计算 2×0.12 m 的踢脚线长度。

【例 2.2】某建筑装饰施工图如图 2.6 所示，根据图纸列出楼地面工程量清单。

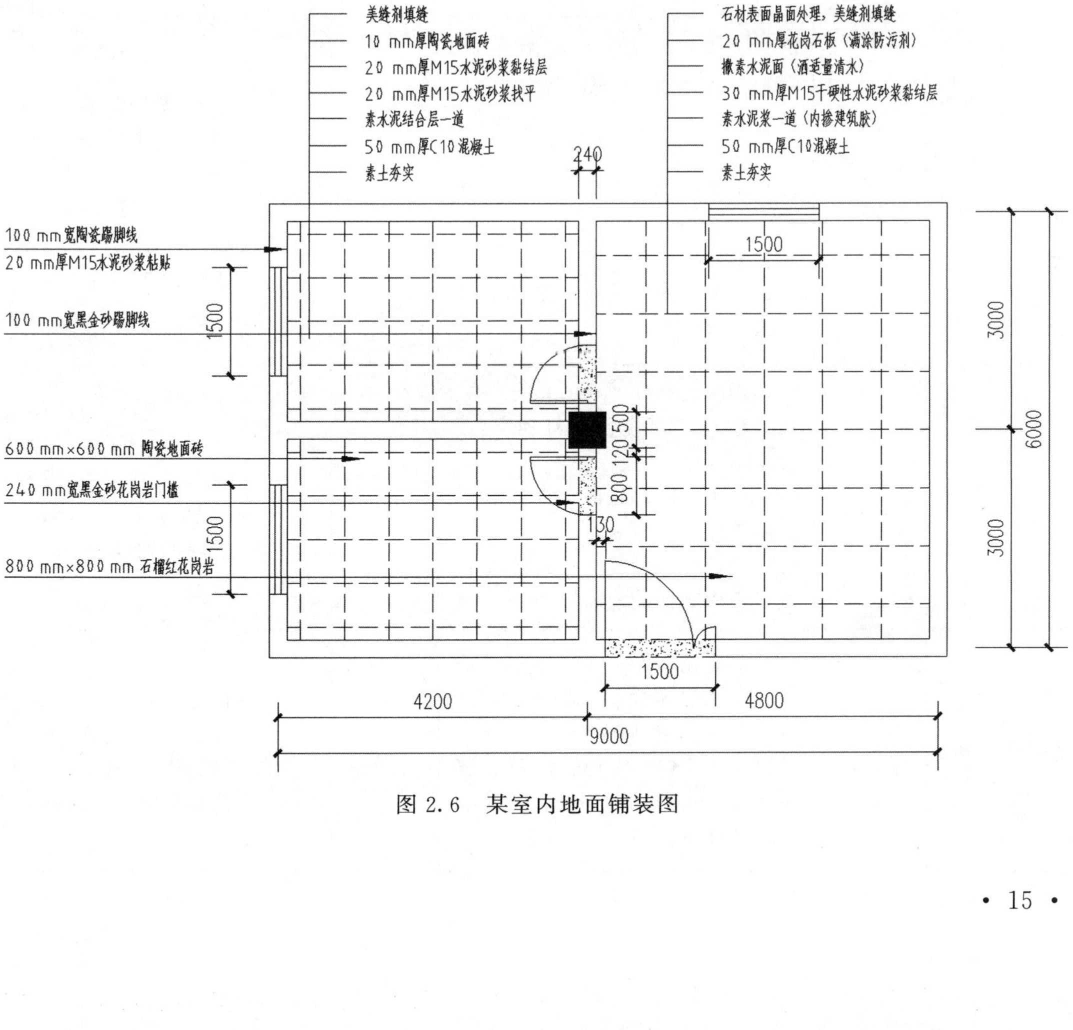

图 2.6　某室内地面铺装图

解：（1）列清单项目表，如表 2.2 所示。

表 2.2　分部分项工程清单

项目编码	项目名称	项目特征	计量单位	工程量	说明
010501002001	楼地面垫层	（1）垫层材料种类、配合比、厚度：50 mm 厚 C15 混凝土	m^3	2.40	施工图为地面工程，在素土夯实后铺设垫层
011102001001	石材楼地面	（1）结合层厚度、砂浆配合比：30 mm 厚 M15 干硬性水泥砂浆 （2）面层材料品种、规格、颜色：800 mm×800 mm×20 mm 石榴红花岗岩 （3）嵌缝材料种类：环氧彩砂美缝剂 （4）防护层材料种类：底面刷养护液，表面刷保护液 （5）酸洗、打蜡要求：石材表面晶面处理	m^2	26.20	国标清单中第 1 条项目特征是“找平层厚度、砂浆配合比”，施工图中没有找平层，不用描述
011102003001	块料楼地面	（1）找平层厚度、砂浆配合比：20 mm 厚 M15 水泥砂浆 （2）结合层厚度、砂浆配合比：20 mm 厚 M15 水泥砂浆 （3）面层材料品种、规格、颜色：600 mm×600 mm×10 mm 陶瓷地面砖 （4）嵌缝材料种类：环氧彩砂美缝剂	m^2	21.83	国标清单中第 5 条和第 6 条项目特征分别为“防护层材料种类”“酸洗、打蜡要求”，施工图中未明确要求，不用描述
011105002001	石材踢脚线	（1）踢脚线高度：100 mm （2）粘贴层厚度、材料种类：5 mm 厚石材专用胶 （3）面层材料品种、规格、颜色：黑金砂花岗岩 （4）防护材料种类：底面刷养护液，表面刷保护液	m	18.52	在没有明确粘贴层材料时，石材常用粘贴材料为石材专用胶，一般为 5 mm 厚；防护材料种类同石材楼地面
011105003001	块料踢脚线	（1）踢脚线高度：100 mm （2）粘贴层厚度、材料种类：20 mm 厚 M15 水泥砂浆 （3）面层材料品种、规格、颜色：600 mm×600 mm×10 mm 陶瓷地面砖	m	25.76	国标清单中第 4 条项目特征为“防护层材料种类”，施工图中未明确要求，不用描述

续表

项目编码	项目名称	项目特征	计量单位	工程量	说明
011108001001	门槛石（原石材零星项目）	(1) 工程部位：门槛石 (2) 结合层厚度、材料种类：30 mm 厚 M15 干硬性水泥砂浆 (3) 面层材料品种、规格、颜色：240 mm 宽黑金砂花岗岩门槛 (4) 勾缝材料种类：环氧彩砂美缝剂 (5) 防护材料种类：底面刷养护液，表面刷保护液 (6) 酸洗、打蜡要求：石材表面晶面处理	m^2	0.74	单块面积不大于 0.5 m^2、少量分散的楼地面镶贴块料属于零星项目。项目特征的描述一般与主体装饰面一致

(2) 计算清单工程量。

楼地面垫层：{(4.8－0.24)×(6－0.24)－0.5×0.13＋[(4.2－0.24)×(3－0.24)－0.13×0.13]×2}×0.05＝2.40 m^3

石材楼地面：(4.8－0.24)×(6－0.24)－0.5×0.13＝26.20 m^2

块料楼地面：[(4.2－0.24)×(3－0.24)－0.13×0.13]×2＝21.83 m^2

石材踢脚线：(4.8－0.24＋6－0.24)×2＋0.13×2－1.5－0.8×2＋0.12×6＝18.52 m

块料踢脚线：[(4.2－0.24＋3－0.24)×2－0.8＋0.12×2]×2＝25.76 m

石材零星项目：(0.8＋0.8＋1.5)×0.24＝0.74 m^2

特别提示：

1. 楼地面垫层：门洞处下方位置一般为墙体，垫层铺设时一般不考虑，不计算工程量。

2. 石材楼地面：计算式中“0.5×0.13”为边柱的水平投影面积。

3. 块料楼地面：计算式中“0.13×0.13”为角柱的水平投影面积。

4. 石材、块料、木踢脚线长度与门在墙间的位置以及是否包门套有关。若包了门套，踢脚线只算至门套边；若未包门套，且门在墙中线处，则门内、门外踢脚线分别计算半墙宽。此处未包门套，石材踢脚线工程量计算式中的“0.12×6”为三个门洞侧面的六个半墙宽，“0.13×2”是边柱的两个侧面宽。

通过分析图纸，列五项清单项目。大房间的地面做法是花岗岩板，属于块料面层类中的石材料楼地面清单项目。两个小房间地面做法是陶瓷地面砖，属于块料面层类中的块料楼地面清单项目。大房间踢脚线是黑金砂，黑金砂是常见的一种花岗岩，属于石料踢脚线清单项目。两个小房间的是陶瓷粘贴踢脚线，属于块料踢脚线清单项目。需要特别注意的是，门洞处的门槛石虽也是地面粘贴石材，但因石材材质的种类不同且粘贴位置不同，应将门槛石单独列项。由于单块门槛石的面积不大于 0.5 m^2，且少量并分散在楼地面，根据国标清单的规定，应将其单独列为石材零星清单项目。

通过楼地面做法描述可知，该工程应该是地面的装饰装修，而非楼面，施工做法中包含了 50 mm 厚的 C15 砼垫层，这是只有在地面做法中才有的。一般情况下，地面垫层在施工中属于独立的施工过程，与面层是分开施工的。这是因为垫层属于房屋建筑工程中应完成的工序，等房屋建筑工程全部竣工或基本竣工后再进行地面面层装修。在这种情况下，很有可能房屋建筑工程与装饰装修工程是分开发包的，不是同一家施工单位施工。

在石材面层项目特征描述中，石材底面刷养护液和石材表面刷保护液这两项特征在图纸中并没有提及，但在项目特征中确有描述，这是由石材的性质所决定的。在装修过程中，石材的底面与砂浆直接接触，砂浆会渗入石材中，且会产生一定的化学反应，影响石材装饰效果。石材养护液可渗入石材的深层，提高石材抗水、抗酸碱、抗污染的能力。在装修过程中，石材的表面也会接触到各种各样的装修污渍，石材表面保护液能透进石材内部，防止酸雨等污染物的侵蚀，保护石材的天然纹理，并且可以改善石材的抗冲击、抗振动性能。因此，尽管图纸中未加以说明，一般在施工过程中均会采用。在列项目特征时，应当考虑。

在计算工程量时，我们发现块料面层工程量的计算规则与整体面层不同。在计算块料楼地面时，门洞开口部分应并入相应的工程量内。但在整体面层中，由于门洞处的门槛石已单独列项，所以不适应于这一条。若门洞处的材质与楼地面一致，应合并在石材楼地面清单内。

关于踢脚线在门洞处的计算，石材、块料、木踢脚线长度与门在墙间的位置以及是否包门套有关。若包了门套，踢脚线只算至门套边；若未包门套，且门在墙中线处，则门内、门外踢脚线分别计算半墙宽。编制清单时，按未包门套、门在墙中线处计算。在计算两个小房的踢脚线时，两个 0.9 m 宽的门洞处应加上 2×2×0.12 m。在计算大房间的踢脚线时，两个 0.9 m、一个 1.5 m 应加上 3×2×0.12 m。突出墙体的柱侧面（柱垛）踢脚线应并入踢脚线长度内。

2.2 墙柱面工程

2.2.1 墙柱面工程量清单编制

1. 墙柱面工程的概念

墙柱面工程包括墙面装饰、柱面装饰、梁面装饰、隔断以及幕墙装饰工程。按装修的空间位置，分为外墙柱面和内墙柱面。墙柱面装饰面层材料种类繁多，如墙面抹灰、涂料、油漆、墙纸、墙布、木饰面板、金属饰面板、镜面玻璃、织物或皮革软硬包、石材、墙面砖以及各种类型的线条等，不同的面层材料，其施工工艺和构造层次均有差异。

2. 墙柱面工程量清单

在《房屋建筑与装饰工程工程量计算标准》（GB/T 50854—2024）中，墙柱面工程主要包含在“附录 M 墙、柱面装饰与隔断、幕墙工程”中，由墙柱面抹灰、零星抹灰、墙柱面块料面层、零星块料面层、墙柱饰面、幕墙工程、隔墙隔断等 7 个部分组成。“附录 P 油漆、涂料、裱糊工程”中抹灰面油漆、喷刷涂料、裱糊中的部分内容也属于墙柱面工程的内容。“附录 Q 其他装饰工程”中的装饰线条在墙柱面工程中也经常运用。

3. 墙柱面工程量清单编制要点

墙柱面工程是装饰装修工程的重要组成部分，其施工面积大、费用高，一般会有施工图。在编制工程量清单时应注意以下要点：

（1）判断该墙柱面工程是否有防水要求，对于有防水要求的需要考虑防水工程。

（2）确定墙柱面工程的构造层次和施工工艺，项目特征的内容与构造层次和施工工艺直接相关。构造层次在施工图中常以墙柱面节点大样图呈现，施工工艺常在施工图的设计说明描述中。如果均未体现且无法落实具体做法，可按施工中的常规做法确定项目特征内容。

（3）按《房屋建筑与装饰工程工程量计算标准》（GB/T 50854—2024）中的计算规则计算工程量。

（4）对于有争议的部分，条件允许时可以现场实测实量。

（5）《房屋建筑与装饰工程工程量计算标准》（GB/T 50854—2024）中存在多个计量单位的情况，只能选择一个计量单位，不可同时存在多个计量单位。根据现场的实际情况，以方便计量和计价为原则确定计量单位。

2.2.2 典型示例

【例 2.3】根据图 2.7，列出 3 个房间内墙面装饰工程量清单。

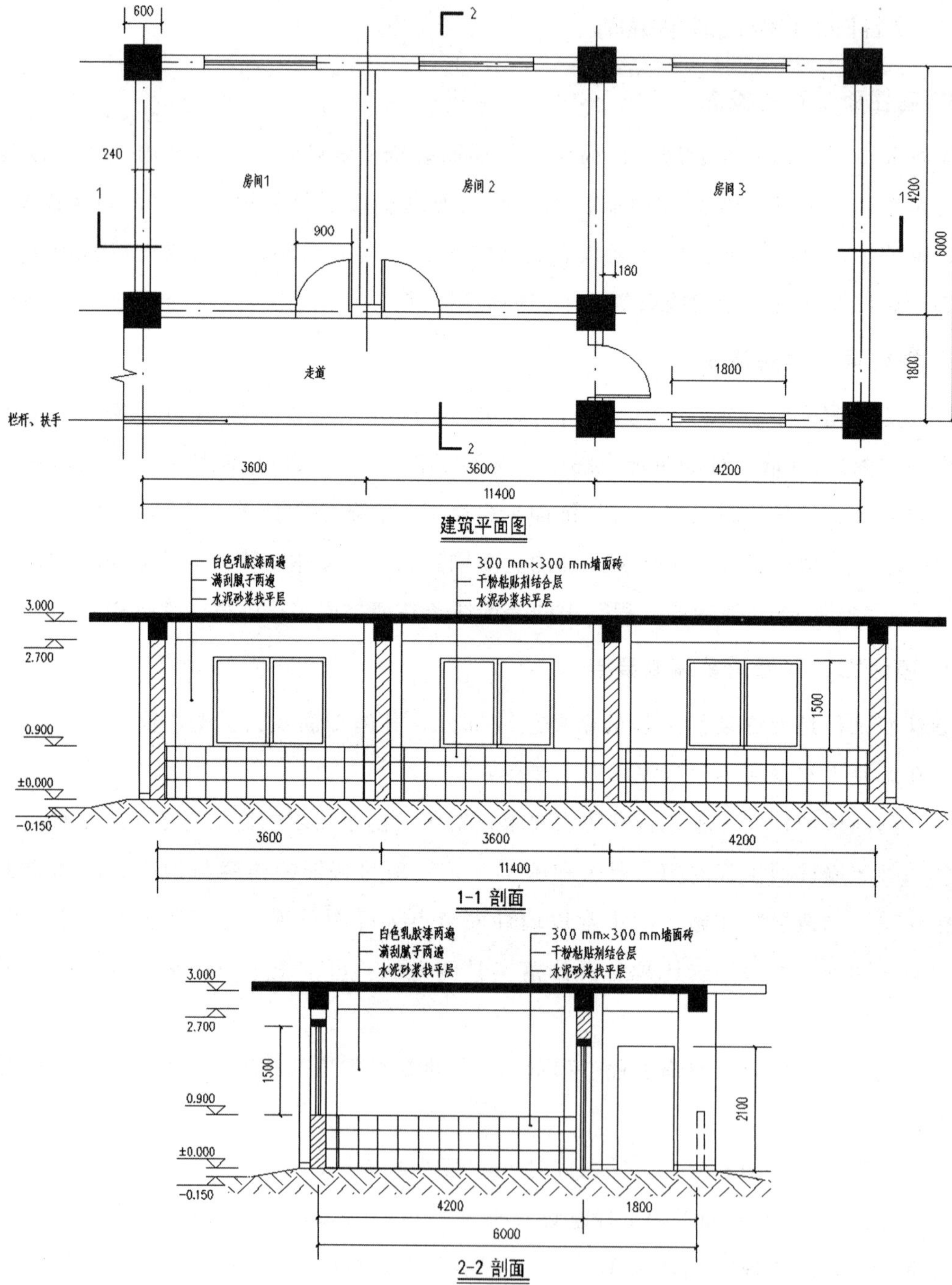

图 2.7　建筑剖面图及墙面装修表

解：情况一，满刮腻子与抹灰面油漆分开列项，列清单项目表，如表 2.3 所示。

表 2.3　分部分项工程清单

项目编码	项目名称	项目特征	计量单位	工程量	说明
011201004001	立面砂浆找平层	(1) 基层类型：红砖墙、加气轻质混凝土砌块隔墙 (2) 找平层砂浆厚度、配合比：15 mm 厚 M10 抹灰砂浆	m^2	130.77	区分“立面砂浆找平层”清单与“墙面一般抹灰”清单的区别：立面砂浆找平层指仅做找平层的立面抹灰，找平完以后，上面还会被其他装饰层覆盖；墙面一般抹灰完成后上面不会再有其他面层
011403003001	满刮腻子	(1) 基层类型：砖墙或砌块墙、内墙，墙面水泥砂浆找平后 (2) 腻子种类：成品耐水腻子 (3) 刮腻子遍数：2 遍	m^2	93.38	仅墙裙以上位置
011403001001	抹灰面油漆	(1) 基层类型：成品耐水腻子已满刮 2 遍 (2) 油漆品种、刷漆遍数：白色乳胶漆 2 遍 (3) 部位：内墙面	m^2	93.38	仅墙裙以上位置
011203003001	块料墙裙	(1) 墙体类型：砖墙或砌块墙、内墙，墙面水泥砂浆找平后 (2) 安装方式：干粉粘贴剂（图 2.8）粘贴 (3) 面层材料品种、规格：300 mm×300 mm 墙面砖 (4) 缝宽、嵌缝材料种类：5 mm 缝宽，环氧彩砂美缝剂（图 2.9）	m^2	42.39	墙裙仅 0.9 m 高

情况二，满刮腻子不单独列项，而是作为抹灰面油漆的项目特征进行描述，如表 2.4 所示。

表 2.4　分部分项工程清单

项目编码	项目名称	项目特征	计量单位	工程量	说明
011201004001	立面砂浆找平层	(1) 基层类型：红砖墙、加气轻质混凝土砌块墙，内墙面 (2) 找平层砂浆厚度、配合比：15 mm 厚 M10 抹灰砂浆	m^2	130.77	所有的内墙面均做了水泥砂浆找平

续表

项目编码	项目名称	项目特征	计量单位	工程量	说明
011403001001	抹灰面油漆	(1) 基层类型：砖墙或砌块墙、内墙，墙面水泥砂浆找平后 (2) 腻子种类：成品耐水腻子(图 2.10) (3) 刮腻子遍数：2 遍 (4) 油漆品种、刷漆遍数：白色乳胶漆 2 遍 (5) 部位：内墙面	m^2	93.38	仅墙裙以上位置
011203003001	块料墙裙	(1) 墙体类型：砖墙或砌块墙、内墙，墙面水泥砂浆找平后 (2) 安装方式：干粉粘贴剂粘贴 (3) 面层材料品种、规格：300 mm×300 mm 墙面砖 (4) 缝宽、嵌缝材料种类：5 mm 缝宽，环氧彩砂美缝剂	m^2	42.39	墙裙仅 0.9 m 高

图 2.8　干粉粘贴剂

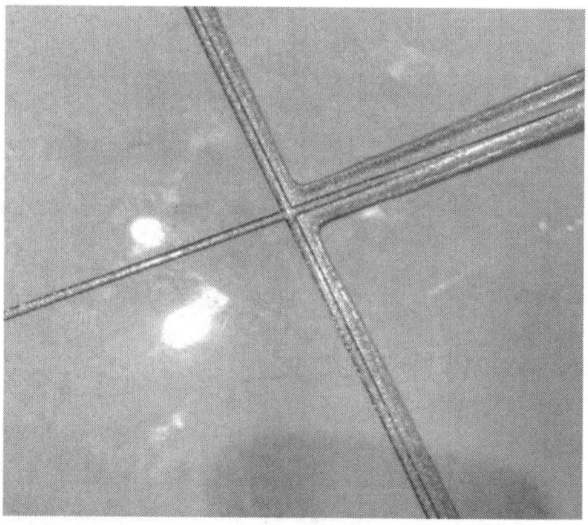

图 2.9　美缝剂

图 2.10　成品耐水腻子

（2）计算清单工程量。

立面砂浆找平层：[(3.6－0.24＋4.2－0.24)×2×2＋(4.2－0.24＋6－0.24)×2＋0.18×2]×3－1.5×1.8×4－2.1×0.9×3＝130.77 m²

满刮腻子：立面砂浆找平层工程量－[(3.6－0.24＋4.2－0.24)×2×2＋(4.2－0.24＋6－0.24)×2＋0.18×2－0.9×3]×0.9＋(1.5＋1.8)×2×0.12×4＋[(2.1－0.9)×2＋0.9]×0.12×3＝93.38 m²

抹灰面油漆：立面砂浆找平层工程量－不含门洞侧面的块料墙裙面积＋(1.5＋1.8)×2×0.12×4＋[(2.1－0.9)×2＋0.9]×0.12×3＝93.38 m²

块料墙裙：[(3.6－0.24＋4.2－0.24)×2×2＋(4.2－0.24＋6－0.24)×2＋0.18×2－0.9×3＋0.12×6]×0.9＝42.39 m²

特别提示：

1. 计算找平面积时，附墙柱、梁、垛、烟囱侧壁并入相应的墙面面积内。计算式中“(3.6－0.24＋4.2－0.24)×2×2”是两个小房间的周长，“(4.2－0.24＋6－0.24)×2”是两个大房间的周长，“0.18×2”是大房间边柱突出来的长度，“1.5×1.8×4”是四处窗洞的面积，“2.1×0.9×3”是三个门洞的面积。

2. 满刮腻子和抹灰面油漆工程量计算规则与平面砂浆找平层不同，平面砂浆找平层的门窗洞口和孔洞侧壁及顶面不增加面积，满刮腻子和抹灰面油漆工程量按设计图示尺寸以面积计算，因此，满刮腻子和抹灰面油漆工程量＝立面砂浆找平层工程量－不含门洞侧面的块料墙裙面积＋门窗洞口侧壁及顶面的面积。计算式中“[(3.6－0.24＋4.2－0.24)×2×2＋(4.2－0.24＋6－0.24)×2＋0.18×2－0.9×3]×0.9”是不含门洞侧面的块料墙裙面积；“(1.5＋1.8)×2×0.12×4”是四个窗洞侧面和顶底面面积，其中“0.12”指门和窗均安装在墙中线处，室内算墙厚的一半；“[(2.1－0.9)×2＋0.9]×0.12×3”是三个门洞侧面和顶面面积，其中第一个“0.9”指墙裙的高度，下面是墙裙，没有刮腻子和乳胶漆，第二个“0.9”指门洞上方顶面的长度。

3. 计算块料墙裙时，门按未包门套考虑，假设将门安装在墙中线处，墙裙的长度算至墙中线处，计算式中“0.12×6”为三个门洞的六个门洞侧面。

【**例 2.4**】根据图 2.11，列出建筑外立面装饰工程量清单。

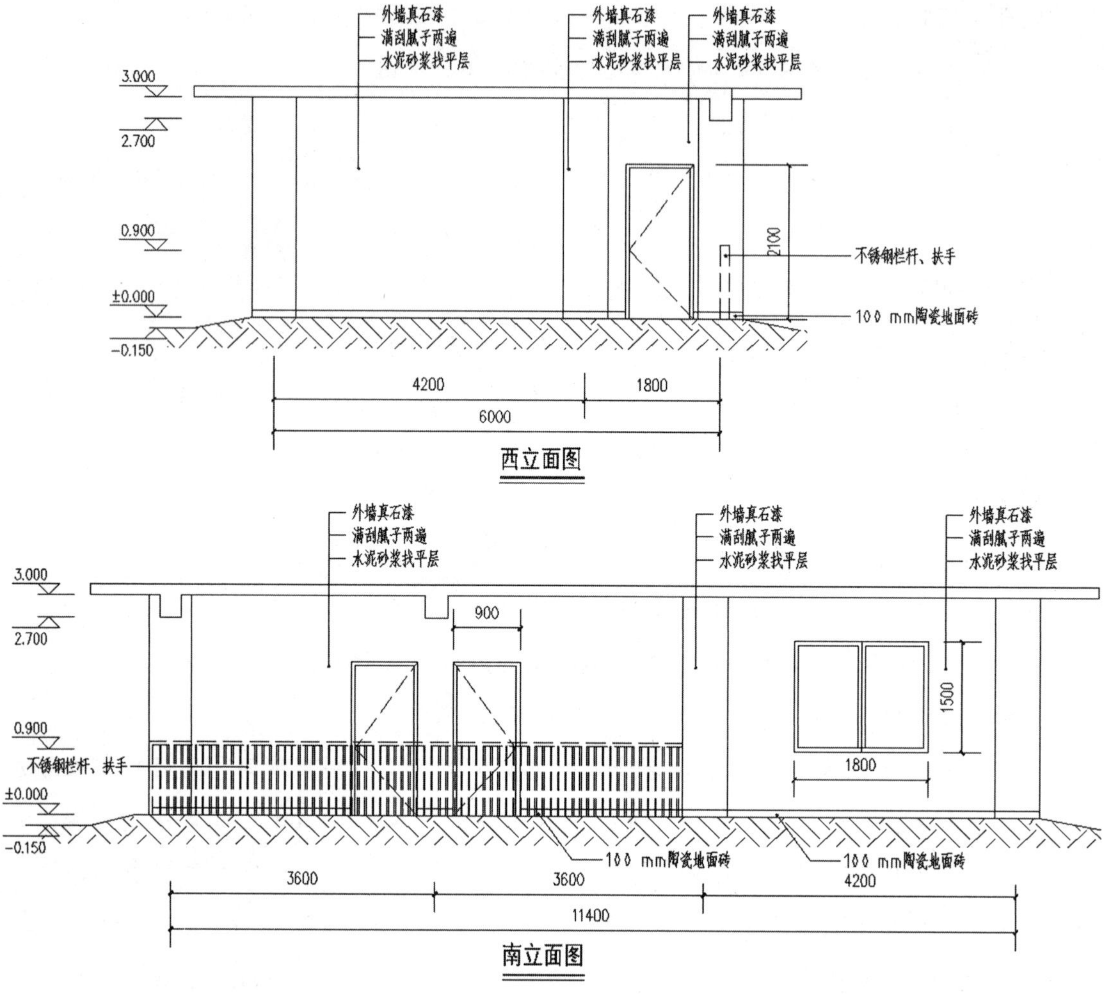

图 2.11　建筑外立面装饰

解：(1) 列清单项目表，如表 2.5 所示。

表 2.5　分部分项工程清单

项目编码	项目名称	项目特征	计量单位	工程量	说明
011201004001	立面砂浆找平层	(1) 基层类型：红砖墙、加气轻质混凝土砌块墙，外墙面 (2) 找平层砂浆厚度、配合比：15 mm 厚 M10 抹灰砂浆	m^2	102.69	所有的外墙面均做了水泥砂浆找平，包括踢脚线的位置

续表

项目编码	项目名称	项目特征	计量单位	工程量	说明
011403001001	抹灰面油漆	(1) 基层类型：水泥砂浆找平后的外墙面 (2) 腻子种类：外墙抗裂腻子 (3) 刮腻子遍数：2 遍 (4) 油漆品种、刷漆遍数：外墙真石漆，一底两面 (5) 部位：外墙	m^2	103.34	满刮腻子与抹灰面油漆可分开列清单，也可列为一项清单，满刮腻子作为抹灰面油漆的项目特征进行描述
011105003001	块料踢脚线	(1) 踢脚线高度：100 mm (2) 粘贴层厚度、材料种类：20 mm 厚 M20 水泥砂浆 (3) 面层材料品种、规格：陶瓷地面砖	m	37.74	
011503001001	不锈钢栏杆、扶手	(1) 扶手材料种类、规格：直径 50 mm 不锈钢管 (2) 栏杆材料种类、规格：直径 20 mm 不锈钢管 (3) 固定配件种类：焊接、膨胀螺栓固定	m	7.2	

(2) 计算清单工程量。

立面砂浆找平层：$[(11.4+0.6+6+0.6)\times2+0.18\times14]\times3-1.5\times1.8\times4-2.1\times0.9\times3=102.69\ m^2$

抹灰面油漆：$[(11.4+0.6+6+0.6)\times2+0.18\times14]\times(3-0.1)-1.5\times1.8\times4-(2.1-0.1)\times0.9\times3+(1.5+1.8)\times2\times0.12\times4+[(2.1-0.9)\times2+0.9]\times0.12\times3=103.34\ m^2$

或立面砂浆找平层面积－不含门洞侧面踢脚线面积＋门窗洞口侧面面积：

$102.69-[(11.4+0.6+6+0.6)\times2+0.18\times14-0.9\times3]\times0.1+(1.5+1.8)\times2\times0.12\times4+[(2.1-0.9)\times2+0.9]\times0.12\times3=103.34\ m^2$

块料踢脚线：$(11.4+0.6+6+0.6)\times2+0.18\times14+0.12\times6-0.9\times3=37.74\ m$

不锈钢栏杆、扶手：$3.6+3.6=7.2\ m$

特别提示：

1. 计算找平面积时，附墙柱、梁、垛、烟囱侧壁并入相应的墙面面积内。计算式中

“（11.4＋0.6＋6＋0.6）×2＋0.18×14”是外墙外边线周长，其中“（11.4＋0.6＋6＋0.6）×2”是建筑最外围矩形周长，“0.18×14”是最外围矩形周长中未包含的角柱、边柱突出墙体的侧面长度；“3是建筑外墙高度”；“1.5×1.8×4”是四个窗洞的面积；“2.1×0.9×3”是三个门洞的面积。《房屋建筑与装饰工程工程量计算标准》（GB/T 50854—2024）中的计算规则中规定，不扣除踢脚线、挂镜线和墙与构件交接处的面积，即梁与墙交接的面积、踢脚线的面积不扣除。

2. 满刮腻子和抹灰面油漆工程量计算规则与平面砂浆找平层不同，平面砂浆找平层门窗洞口和孔洞侧壁及顶面不增加面积，满刮腻子和抹灰面油漆工程量按设计图示尺寸以面积计算，因此要扣除踢脚线的面积，增加门窗洞口侧壁及顶面的面积。

第一个计算式是在“立面砂浆找平层”计算式的基础上，扣除了踢脚线的高度“0.1”，计算面积，最后再加上门窗洞口侧面面积。“（1.5＋1.8）×2×0.12×4”是四个窗洞侧面和顶底面面积，其中“0.12”指门和窗均安装在墙中线处，室内算墙厚的一半；“［（2.1－0.9）×2＋0.9］×0.12×3”是三个门洞侧面和顶面面积，其中第一个“0.9”是墙裙的高度，下面是墙裙，没有刮腻子和乳胶漆，第二个“0.9”是门洞上方顶面的长度。

第二个计算式是在“立面砂浆找平层”计算式的基础上，扣除不含门洞侧面踢脚线面积，最后再加上门窗洞口侧面面积。因立面砂浆找平层面积不含门洞侧面面积，所以扣除的踢脚线面积不应包含门洞踢脚线面积。

3. 计算块料踢脚线时，门按未包门套考虑，假设将门安装在墙中线处，踢脚线的长度算至墙中线处。计算式中“0.12×6”是三个门洞的六个门洞侧面。

2.3 顶棚工程

2.3.1 顶棚工程量清单编制

1. 顶棚工程的概念

顶棚工程包括原顶装饰和吊顶装饰。吊顶装饰根据是否跌级分为平面吊顶装饰和跌级吊顶装饰，根据吊顶区域大小分为全部吊顶和局部吊顶，根据是否上人分为上人吊顶天棚和不上人吊顶天棚。顶棚装饰材料种类繁多，一般抹灰、刮腻子、乳胶漆、各类装饰线条等是原顶装饰常使用的材料，纸面石膏板、铝扣板、刮腻子、乳胶漆、木饰面板、金属饰面板、镜面饰面板以及各种类型的线条是吊顶装饰常使用的材料。不同的面层材料，其施工工艺和构造层次均有差异。

2. 顶棚工程量清单

在《房屋建筑与装饰工程工程量计算标准》（GB/T 50854—2024）中，顶棚工程主要包含在“附录 N 天棚工程”中，由天棚抹灰、天棚吊顶、天棚其他装饰等三个部分组成。“附录 P 油漆、涂料、裱糊工程”的抹灰面油漆、喷刷涂料、裱糊中的部分内容也属于顶棚工程的内容。“附录 Q 其他装饰工程”中的装饰线条在顶棚工程中也经常运用。

3. 顶棚工程量清单编制要点

顶棚工程是装饰装修工程的重要组成部分，在编制工程量清单时应注意以下要点：

（1）判断该顶棚工程是原顶装饰还是吊顶装饰。吊顶装饰需判断是平面吊顶还是跌级吊顶，是全部吊顶还是局部吊顶，是上人吊顶还是不上人吊顶。

（2）确定顶棚工程的构造层次和施工工艺，项目特征的内容与构造层次和施工工艺直接相关。构造层次在施工图中常以顶棚节点大样图呈现，施工工艺常体现在施工图的设计说明中。如果均未体现且无法落实具体做法，可按施工中的常规做法确定项目特征内容。

（3）按《房屋建筑与装饰工程工程量计算标准》（GB/T 50854—2024）中的计算规则计算工程量。

（4）对于有争议的部分，条件允许时可以现场实测实量。

（5）《房屋建筑与装饰工程工程量计算标准》（GB/T 50854—2024）中存在多个计量单位的情况，只能选择一个计量单位，不可同时存在多个计量单位，根据现场实际情况以方便计量和计价为原则确定计量单位。

2.3.2　典型示例

【例 2.5】根据图 2.12 和图 2.13，楼梯间顶棚抹灰做法为 10 mm 厚 M20 水泥砂浆打底，列出楼梯间顶棚装饰工程量清单。

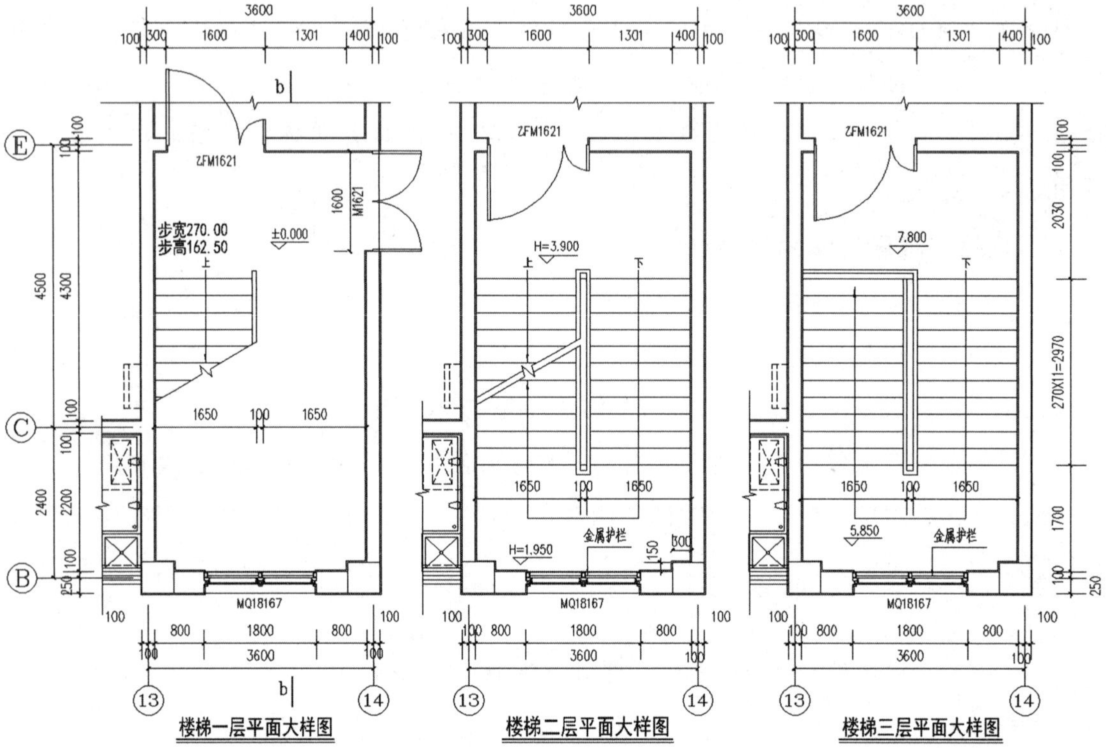
ZFM1621
M1621
步宽270.00
步高162.50
±0.000
H=3.900
H=1.950
7.800
5.850
金属护栏
MQ18167
270X11=2970
楼梯一层平面大样图
楼梯二层平面大样图
楼梯三层平面大样图

图 2.12　楼梯间平面图

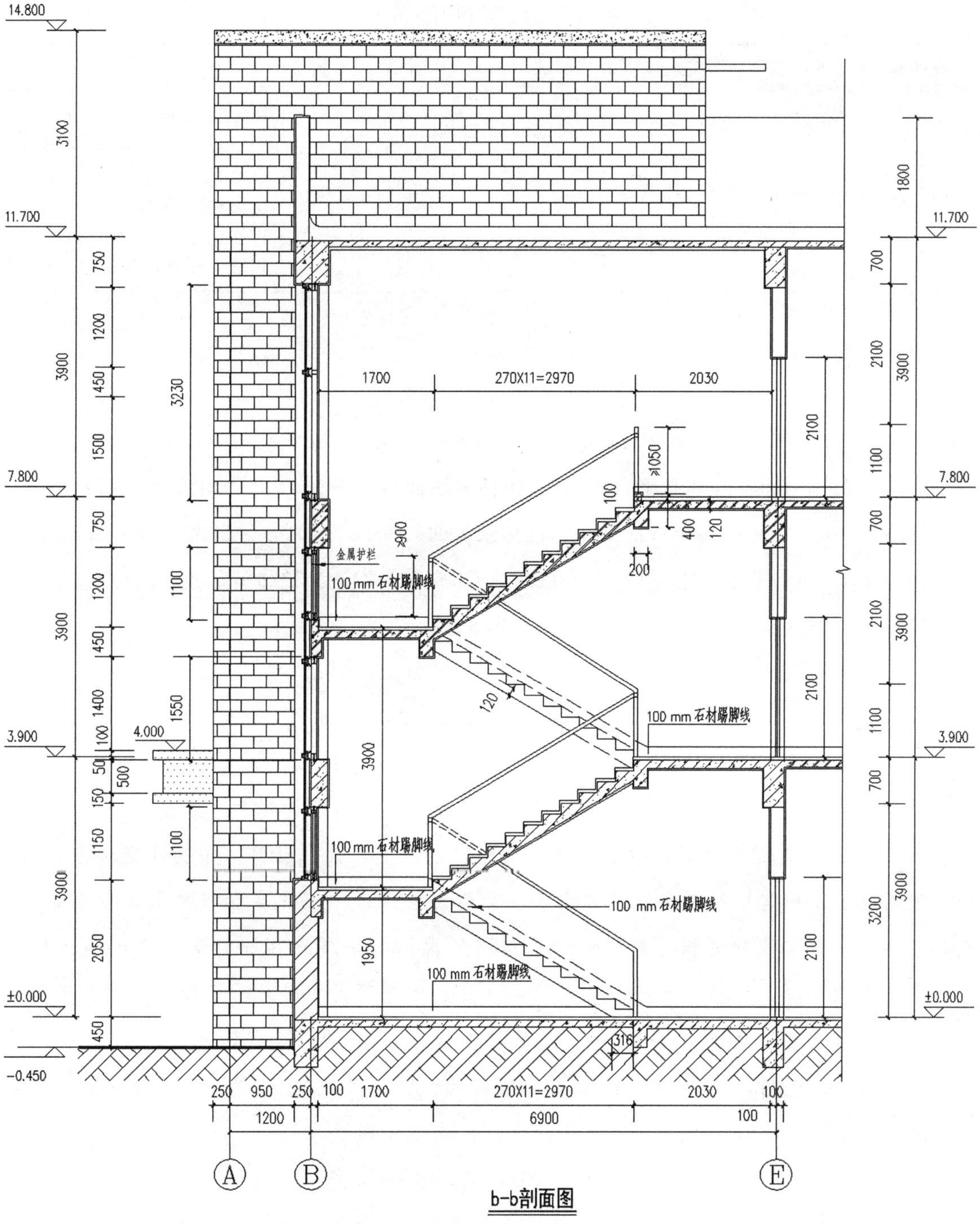
14.800
11.700
7.800
3.900
±0.000
-0.450
4.000
3100
750
1200
450
1500
1400
100
50
150
1150
2050
3900
3230
1100
1550
500
1700
270X11=2970
2030
≥1050
100
400
120
200
≥900
金属护栏
100 mm 石材踢脚线
120
1950
316
1800
700
2100
1100
3200
250
950
100
1200
6900
A
B
E
b-b剖面图

图 2.13　楼梯间剖面图

解：(1) 列清单项目表，如表 2.6 所示。

表 2.6 分部分项工程清单

项目编码	项目名称	项目特征	计量单位	工程量	说明
011301001001	天棚抹灰	(1) 基层类型：现浇混凝土楼板底 (2) 抹灰厚度、材料种类：10 mm 厚水泥砂浆 (3) 砂浆配合比：M20	m^2	78.77	在土建工程中，结构工程完成以后会对房屋内部进行基础的砂浆抹面，使房屋结构（混凝土结构）不直接与空气接触，在一定程度上能够保护房屋结构

(2) 计算清单工程量。

4 根梁的侧面（不包括梁底）：[(0.4－0.1)×(3.6－0.2)＋(0.4－0.1－0.1625)×(1.65＋0.05)＋(0.4－0.1)×(1.65＋0.05)]×4＝7.06 m^2

标高 1.95 m、5.85 m 休息平台底面积(包括梁底面)：(3.6－0.2)×1.7×2＝11.56 m^2

标高 3.9 m、7.8 m 楼层板底面积（包括梁底面)：(3.6－0.2)×2.03×2＝13.8 m^2

标高 11.7 m 顶棚底面积：(6.9－0.2)×(3.6－0.2) ＝22.78 m^2

楼梯间顶棚抹灰面积：7.06＋11.56＋13.8＋22.78＝55.20 m^2

已知斜度系数＝1.167

梯段底面积：2.97×1.167×(3.6－0.2)×2＝23.57 m^2

楼梯间天棚抹灰面积合计：55.2＋23.57＝78.77 m^2

特别提示：

1. 天棚抹灰的计算规则：按设计图示尺寸以水平投影面积计算。不扣除间壁墙、垛、柱、附墙烟囱、检查口和管道所占的面积，带梁天棚的梁两侧抹灰面积并入天棚面积内，板式楼梯底面抹灰按斜面积计算，锯齿形楼梯底板抹灰按展开面积计算。由于在计算天棚水平投影面积时，已包含梁底面的面积，计算梁的侧面面积时只需增加梁的侧面面积。

2. 单根梁有两个侧面，其中一个侧面与楼板或休息平台连接，楼板或休息平台厚 0.1 m，侧面面积计算式为“(0.4—0.1) × (3.6—0.2)”。另一个侧面分别与向上、向下两个楼梯段连接。与向下楼梯段连接时，除了扣减楼板厚度 0.1 m，还应扣除一个踏步高 0.1625 m，计算式为“(0.4—0.1—0.1625) × (1.65+0.05)”，其中“1.65”是梯段宽，“0.05”是楼梯井宽度的一半；与向上楼梯段连接时，只需扣减楼板厚度 0.1 m，计算式为“(0.4—0.1) × (1.65+0.05)”，其中“1.65”是梯段宽，“0.05”是楼梯井宽度的一半。

3. 在国标清单中“板式楼梯底面”指楼梯段的底面呈一个板面状，此时只需计算斜面面积；锯齿形楼梯底是指楼梯段的底面与楼梯表面一样呈台阶状，此时只需计算展开面积。此处的楼梯段底面呈板面状，只需计算斜面面积。

根据装饰装修做法，楼梯间顶棚抹灰属于天棚抹灰清单项目。在国标清单中，没有专门针对楼梯间的天棚抹灰。楼梯间顶棚抹灰工程量计算是该项清单的难点，由于楼梯间的构件较多，有平台、平台梁、梯段等，根据计算规则，这些构件的顶棚抹灰均需要计算，其工程量虽不大，但计算较烦琐，容易出错。

在计算楼梯间顶棚抹灰工程量时，首先计算顶棚水平面的抹灰。由三部分组成：一是楼梯间顶层的顶棚，即标高 11.7 m 顶棚底面积，只需使用楼梯间的净长×净宽即可，不用扣除柱垛所占面积；二是中间平台面积，图中有两个大小一样的中间平台，即标高 1.95 m、5.85 m 休息平台底面积，在计算式中“3.6－0.2 ”为中间平台净长，“1.7”为中间平台净宽，其中“1.7”净宽中包含了梯口梁的宽度，因此，在计算的中间平台工程量中包含了梯口梁底的面积；三是楼层平台底面积，图中有两个大小一样的楼层平台，即标高 3.9 m、7.8 m 楼层板底面积，计算式中“3.6－0.2 ”为楼层平台净长，“2.03”为楼层平台净宽，其中“2.03”净宽中包含了梯口梁的宽度，因此，在计算的楼层平台工程量中包含了梯口梁底的面积。

接下来，计算梯口梁的侧面。图中共有四根大小一样的梯口梁，每根梯口梁有两个侧面和一个底面，由于梯口梁的底面已包含在中间平台和楼层平台的工程量中，只需要计算梯口梁的两个侧面。先计算靠平台一侧的面积。计算式中“0.4－0.12”是靠平台一侧梯口梁的净高，“3.6－0.2”是靠平台一侧梯口梁的净宽，“（0.4－0.12）×（3.6－0.2）”则为靠平台一侧的抹灰面积。再计算靠梯段一侧的抹灰面积。靠梯段一侧的平台梁侧面需与两个梯段相交，一个上行梯段，一个下行梯段，由于两梯段与平台梁侧面的交接面积不同，应分别计算。计算式中“0.4－0.12－0.1625”为与下行梯段相交后梁侧面净高，“1.65”为梯段净宽，“（0.4－0.12－0.1625）×1.65”则为该梯段下方的梁侧面净面积。梁侧面三个位置的面积相加即可计算出单个梯口梁的侧面抹灰工程量。

最后，计算梯段的底面积。根据图纸可知，这是板式楼梯，其底面抹灰工程量按斜面积计算。计算式中“2.97×1.167”是斜长，“3.6－0.2”是两组楼梯段合并成一层后的净宽，总共是四组两层楼梯段，最后乘以 2。

“顶棚水平面抹灰面积＋梯口梁的侧面抹灰面积＋梯段的底面抹灰面积”合计后便是楼梯间天棚抹灰总工程量。

【例 2.6】顶棚吊顶如图 2.14 和图 2.15 所示，原顶标高距地面 2.8 m，列出顶棚装饰工程量清单。

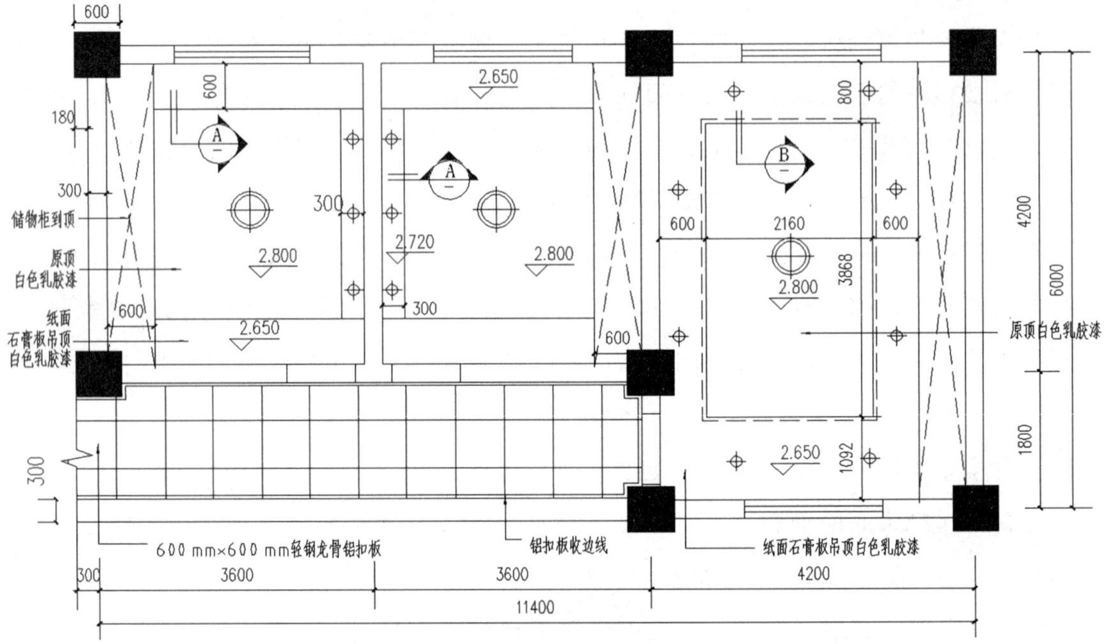

图 2.14　顶棚平面图

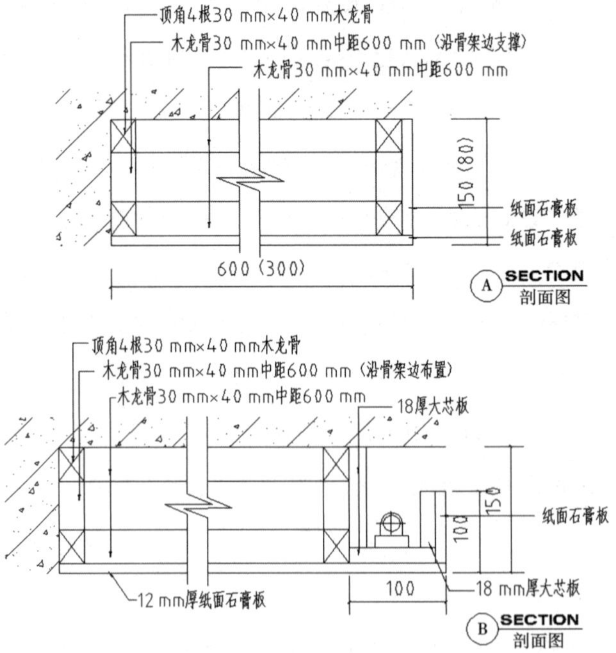

图 2.15　顶棚剖面图

解：（1）列清单项目表，如表 2.7 所示。

表 2.7　分部分项工程清单

<table>
<tr><th>项目编码</th><th>项目名称</th><th>项目特征</th><th>计量单位</th><th>工程量</th><th>说明</th></tr>
<tr><td>011302001001</td><td>纸面石膏板吊顶</td><td>（1）龙骨材料种类、规格、中距：30 mm×40 mm 木龙骨，中距 600 mm，双层双向布置(图 2.16)
（2）基层材料种类、规格：9.5 mm 厚纸面石膏板（图 2.17）
（3）面层材料品种、规格：白色乳胶漆（另列清单）
（4）嵌缝材料种类：板缝内嵌缝膏，外贴绷带（牛皮纸或网格带，图 2.18）</td><td>m^2</td><td>18.56</td><td rowspan="2">“011302001 吊顶天棚”是建筑装饰装修吊顶工程中最常使用的清单，其涵盖范围广，纸面石膏板吊顶、铝扣板吊顶、各种吸音板吊顶、矿棉板吊顶等常见吊顶方式均属于“011302001 吊顶天棚”清单范畴</td></tr>
<tr><td>011302001002</td><td>铝扣板吊顶</td><td>（1）吊顶形式、吊杆规格、高度：直径 8 mm 吊筋吊至设计标高
（2）龙骨材料种类、规格：轻钢龙骨不上人型（平面）600 mm×600 mm
（3）面层材料品种、规格：600 mm×600 mm 方形铝扣板
（4）压条材料种类、规格：铝扣板收边条（图 2.19）</td><td>m^2</td><td>11.03</td></tr>
<tr><td>011303001001</td><td>灯带（槽）</td><td>（1）灯带型式、尺寸：悬挑式灯带，外围截面展开宽度 150 mm+100 mm+100 mm
（2）格栅片材料品种、规格：基层 18 mm 厚大芯板、9.5 mm 纸面石膏板
（3）安装固定方式：自攻螺丝、射钉固定</td><td>m^2</td><td>4.39</td><td>灯带的种类很多，如悬挑式、附加式、嵌入式、格栅灯带（图 2.20）、成品灯带、现场制作灯带等，均属于“011303001 灯带（槽）”清单范畴</td></tr>
<tr><td>011403001001</td><td>原顶乳胶漆（原抹灰面油漆）</td><td>（1）基层类型：原钢筋混凝土楼板底
（2）腻子种类：成品抗裂腻子
（3）刮腻子遍数：2 遍
（4）油漆品种、刷漆遍数：白色乳胶漆 2 遍
（5）部位：原顶</td><td>m^2</td><td>21.31</td><td>在没有吊顶的顶棚部位刷乳胶漆，即原顶乳胶漆</td></tr>
</table>

续表

项目编码	项目名称	项目特征	计量单位	工程量	说明
011403001002	吊顶乳胶漆（原抹灰面油漆）	（1）基层类型：9.5 mm 厚纸面石膏板 （2）腻子种类：成品抗裂腻子 （3）刮腻子遍数：2 遍 （4）油漆品种、刷漆遍数：白色乳胶漆 2 遍 （5）部位：纸面石膏板吊顶	m^2	20.52	在纸面石膏板吊顶的表面最常用的装饰材料是乳胶漆
011403001003	灯槽乳胶漆（原抹灰面油漆）	基层类型：9.5 mm 厚纸面石膏板 （2）腻子种类：成品抗裂腻子 （3）刮腻子遍数：2 遍 （4）油漆品种、刷漆遍数：白色乳胶漆 2 遍 （5）部位：纸面石膏板吊顶	m^2	4.39	原顶乳胶漆和吊顶乳胶漆均未包含灯槽部位，灯槽部位的乳胶漆需单独列清单，在列清单时经常容易漏掉
01B001	灯具开孔（原开孔打洞）	（1）部位：天棚纸面石膏板 （2）打洞部位材质：9.5 mm 厚纸面石膏板 （3）洞尺寸：直径 50 mm	个	14	灯具开孔是后期灯具安装前必须做的准备工作

图 2.16　木龙骨施工现场示意图

图 2.17　纸面石膏板

图 2.18　牛皮纸或网格带盖缝

图 2.19　铝扣板收边条

图 2.20　格栅灯带

(2) 计算清单工程量。

纸面石膏板吊顶：[(3.6－0.6－0.15×2)×0.6×2＋(4.2－0.15×2－0.6×2)×0.3]×2＋(6－0.15×2)×(4.2－0.15×2－0.6)－3.868×2.16＝18.56 m^2

铝扣板吊顶：(3.6＋3.6＋0.3－0.15)×(1.8－0.15×2)＝11.03 m^2

灯带（槽）：竖向：0.15×(2.16＋0.1×2＋3.868＋0.1×2)×2＝1.93 m^2

水平：0.1×(2.16＋0.05×2＋3.868＋0.05×2)×2＝1.25 m^2

竖向（短）：0.1×(2.16＋3.868)×2＝1.21 m^2

合计：1.93＋1.25＋1.21＝4.39 m^2

原顶乳胶漆：(3.6－0.15×2－0.6－0.3)×(4.2－0.15×2－0.6×2)×2＋3.868×2.16＝21.31 m^2

吊顶乳胶漆（纸面石膏板吊顶面积＋两个小房间吊顶侧面面积）：18.56＋[0.15×(3.6－0.15×2－0.6)×2＋0.08×(4.2－0.15×2－0.6×2)]×2－0.08×0.3×4＝20.52 m^2

灯槽乳胶漆：4.39 m^2

灯具开孔：大房间 8 个，两个小房间各 3 个，共计 14 个

特别提示：

1. 纸面石膏板吊顶根据国标计算规则按设计图示尺寸以水平投影面积计算。天棚面中的灯槽及跌级、锯齿形、吊挂式、藻井式天棚面积不展开计算。不扣除间壁墙、检查口、附墙烟囱、柱垛和管道所占面积，扣除单个＞0.3 m^2 的孔洞、独立柱及与天棚相连的窗帘盒所占的面积。只计算吊顶的面积，房间中间未吊顶的面积不计算。计算式中“3.6”是房间轴线开间，“0.6”是柜子厚度，“0.15×2”是梁的宽度，“(3.6－0.6－0.15×2)×0.6×2”即单个小房间 0.6 m 宽局部吊顶的面积；“(4.2－0.15×2－0.6×

2）×0.3”即单个小房间0.3 m宽局部吊顶的面积；“×2”为两个小房间局部吊顶面积之和；“（6－0.15×2）×（4.2－0.15×2－0.6）”为大房间的顶面全部水平投影面积，“3.868×2.16”是大房间原顶面积，相减得大房间局部吊顶面积。需要特别注意的是：柜子到顶，这一部分的顶面被柜子挡住，即没有吊顶也没有原顶装饰；根据计算规则，柱垛所占面积不扣除，即图中的角柱和边柱面积不用扣减。

2. 根据计算规则，铝扣板吊顶角柱和边柱面积不用扣减，计算式中“0.15”是梁宽度的一半。

3. 灯带（槽）按设计图示尺寸以框外围面积计算，即截面展开宽度×灯槽长度。根据构造图，灯槽截面展开宽度由0.15 m、0.1 m、0.1 m三个部分组成，分别拿三个宽度×各部分的长度，得出灯槽框外围面积。0.15 m在灯槽的最外围，其周长最大，计算式为“(2.16＋0.1×2＋3.868＋0.1×2）×2”；0.1 m水平板在灯槽的中间，其周长计算式为“（2.16＋0.05×2＋3.868＋0.05×2）×2”；0.1 m在灯槽的最里面，其周长最小，计算式为“（2.16＋3.868）×2”。

4. 原顶乳胶漆的工程量即每个房间标高为2.8 m处的顶面面积。

5. 吊顶乳胶漆的工程量按设计图示尺寸以面积计算，包含吊顶的水平投影面积和侧面面积。计算式中“0.15”是0.6 m宽吊顶高度，“（3.6－0.15×2－0.6）×2”是单个小房间两个0.6 m宽吊顶的长度；“0.08”是0.3 m宽吊顶高度，“4.2－0.15×2－0.6×2”是单个小房间0.3 m宽吊顶的长度；“×2”为两个小房间局部吊顶侧面面积之和；“0.08×0.3”是0.3 m宽吊顶与0.6 m宽吊顶交界处的面积，此处无法刷乳胶漆，应扣除面积，小房间总共有4处。需要特别注意的是，由于大房间做了灯槽，局部吊顶的侧面被灯槽挡住，不用装饰，不需要计算。

在该施工图纸中有两种顶棚吊顶方式：一种是常见的局部木龙骨纸面石膏板吊顶，且设置暗藏灯带；另一种是铝扣板吊顶。在对工程量清单进行列项时，木龙骨纸面石膏板与铝扣板吊顶均属于吊顶天棚清单项目。第一次列吊顶天棚清单项目时，其项目编码为011302001001，第二次列吊顶天棚清单项目时，其项目编码为011302001002，通过项目名称和项目特征对这两种天棚吊顶形式进行区分。依附在石膏板吊顶上的灯带应单独列灯带（槽）清单，铝扣板吊顶中的铝扣板收边线，应并入铝扣板吊顶天棚清单项目，不应单独列项。这是因为在采购材料以及施工时，铝扣板收边线一般是作为铝扣板吊顶的附属材料，在列清单时，最好不要单独列项，而是作为一项重要的项目特征在天棚吊顶清单中进行描述。

在计算纸面石膏板工程量时，根据计算规则，按设计图示尺寸以水平投影面积计算，只需计算局部吊顶的水平投影面积。三个房间中，两间小房间的吊顶面积一样，局部吊顶位于标高 2.65 m 和 2.72 m 处。需要特别注意的是，到顶的储物柜处是没有吊顶的，应将尺寸扣除。在计算标高 2.65 m 处吊顶面积时，3.6 m 为房间开间的轴线尺寸，0.6 m 为衣柜的宽，0.3 m 为两个半墙厚，计算式中“3.6－0.6－0.3”为标高 2.65 m 处局部吊顶的净长，净宽为 0.6 m，相乘后得标高 2.65 m 处吊顶面积。在计算标高 2.72 m 处吊顶面积时，4.2 m 为房间进深的轴线尺寸，0.3 m 为两个半墙厚，0.6×2 m 为应减去的标高 2.65 m 处的局部吊顶的宽度，计算式中“4.2－0.3－0.6×2”为标高 2.72 m 处局部吊顶的净长，净宽为 0.3 m，相乘后得标高 2.72 m 处吊顶面积。大房间的面积计算相对简单一些，只需将整个房间的净面积减去标高 2.8 m 处的面积。计算式中“（6－0.3）×（4.2－0.3－0.6）”为大房间面积，根据计算规则，不用扣除墙垛所占面积，“3.868×2.16”为标高 2.8 m 处的面积，相减后即得大房间局部吊顶面积。

在计算铝扣板吊顶时，计算式中“3.6＋3.6”为过道的轴线尺寸，“0.3”是左边未包含在轴线中的尺寸，“0.15”为右边墙厚尺寸。“1.8－0.15×2”为过道轴线宽度减去两个半墙厚得到的净宽。相乘后得铝扣板吊顶面积。根据计算规则，不用扣除柱垛所占面积。

在计算灯槽时，按灯槽设计图示尺寸以框外围面积计算。根据图纸，该灯槽三面围合，分别计算三个面的面积。竖向短板宽 0.1 m，其长度计算式为“（2.16＋3.868）×2”，即灯槽内侧净周长，相乘后得竖向短板净面积；水平板宽 0.1 m，其长度按水平板中心线长度计算，即灯槽内侧净周长每边多出 0.05×2 m，共四条边，比竖向短板的周长多 0.05×8 m，“（2.16＋0.05×2＋3.868＋0.05×2）×2”与宽度“0.1 ”相乘后得水平板净面积；竖向长板宽 0.15 m，其长度为灯槽内侧净周长每条边多出两个水平板的长度，即 0.1 ×2 m，共四条边，比竖向短板的周长多 0.1×8 m，“（2.16＋0.1×2＋3.868＋0.1×2）×2”与宽度“0.15 ”相乘后得竖向长板净面积。

2.4 门窗工程

2.4.1 门窗工程量清单编制要点

1. 门窗工程的概念

门窗工程种类繁多。门窗按材料可分为木制门窗、金属门窗、复合材料门窗等。按开启方式，门可以分为平开门、推拉门、自由门、旋转门、伸缩门、折叠门、卷帘门等，窗可以分为平开窗、推拉窗、悬窗、固定窗等。门按安装位置和功能可分为防盗门、厂库房大门、室内门、防火门、特种门等。门窗工程按制作安装方式可分为现场制作安装、成品制作安装。门窗工程除了包含门窗外，还包含门窗套、窗台板、窗帘盒、窗帘、窗帘杆、锁具等五金配件。

2. 门窗工程量清单

在《房屋建筑与装饰工程工程量计算标准》（GB/T 50854—2024）中，门窗工程主要包含在“附录H门窗工程”中，由木门、金属门、金属卷帘（闸）门、厂库房大门特种门、其他门、木窗、金属窗、门窗套、窗台板、窗帘（盒、轨）等十个部分组成。“附录P油漆、涂料、裱糊工程”的门油漆、窗油漆也属于门窗工程的内容。“附录Q其他装饰工程”中的装饰线条在门窗工程中也经常运用。

3. 门窗工程量清单编制要点

门窗工程是装饰装修工程的重要组成部分，在编制工程量清单时应注意以下要点：

（1）确定门窗工程的种类，主要包括材料、开启方式、安装位置和功能、安装制作方式等方面。

（2）确定门窗工程的构造层次和施工工艺，项目特征内容与构造层次和施工工艺直接相关。构造层次在施工图中常以门窗节点大样图或门窗表呈现，施工工艺常体现在施工图的设计说明中。如果均未体现且无法落实具体做法，可按施工中的常规做法确定项目特征内容。

（3）按《房屋建筑与装饰工程工程量计算标准》（GB/T 50854—2024）中的计算规则计算工程量。

（4）对于有争议的部分，条件允许时可以现场实测实量。

（5）《房屋建筑与装饰工程工程量计算标准》（GB/T 50854—2024）中存在多个计量单位的情况，只能选择一个计量单位，不可同时存在多个计量单位，根据现场实际情况以方便计量和计价为原则确定计量单位。

2.4.2　典型示例

【例 2.7】 某建筑施工图门窗表如图 2.21 所示，购买成品安装，列出门窗工程量清单。

名称	类型	设计编号	洞口尺寸(mm)		樘数	名称	类型	设计编号	洞口尺寸(mm)		樘数
			宽	高					宽	高	
门	铝合金推拉门	LM1824	1800	2400	5	窗	铝合金推拉窗	LC2118	2100	1800	3
	铝合金平开门	LM1024	1000	2400	2		铝合金推拉窗	LC0919	900	1900	5
	木质防火门	FHM乙3	1200	2100	2		铝合金固定窗	LC1	900	1900	5

图 2.21　门窗表

解：（1）列清单项目表，如表 2.8 所示。

表 2.8　分部分项工程清单

项目编码	项目名称	项目特征	计量单位	工程量	工程量计算规则
010802001001	铝合金推拉门［原金属（塑钢）门］	（1）门代号及洞口尺寸：LM1824，1800 mm×2400 mm （2）门框、扇材质：铝合金 （3）玻璃品种、厚度：5 mm 厚钢化玻璃	樘	5	“010802001 原金属（塑钢）门”应用广泛，常见金属做的平开门、推拉门均列此清单。门的材料相同，但门的开启方式和尺寸大小不同，应分开列清单。当同一项清单中材料、大小、安装方式等参数都一样的时候，选择以“樘”为单位，不仅计算方便，且更为合理
010802001002	铝合金平开门［原金属（塑钢）门］	（1）门代号及洞口尺寸：LM1024，1000 mm×2400 mm （2）门框、扇材质：铝合金 （3）玻璃品种、厚度：5 mm 厚钢化玻璃	樘	2	
010807001001	铝合金推拉窗［原金属（塑钢、断桥）窗］	（1）窗代号及洞口尺寸：LC2118，2100 mm × 1800 mm；LC0919，900 mm×1900 mm （2）框、扇材质：铝合金 （3）玻璃品种、厚度：5 mm 厚钢化玻璃	m^2	19.89	“010807001 原金属（塑钢、断桥）窗”应用广泛，常见金属做的平开窗、推拉窗、悬窗、固定窗均列此清单。窗的材料和开启方式相同，只是尺寸大小不同时，可以合列一个清单，以“m^2”为单位，可以减少清单数量，方便计价

续表

项目编码	项目名称	项目特征	计量单位	工程量	工程量计算规则
010807001002	铝合金固定窗（原金属塑钢断桥窗）	（1）窗代号及洞口尺寸：LC1，900 mm×1900 mm （2）框、扇材质：铝合金 （3）玻璃品种、厚度：5 mm 厚钢化玻璃	樘	5	窗的材料相同，开启方式和尺寸大小不同时，为方便计价，应单独列清单。以“樘”为单位不仅计算方便，且更为合理
010801004001	木质防火门	（1）门代号及洞口尺寸：FHM 乙 3，1200 mm×1200 mm （2）镶嵌玻璃品种、厚度：5 mm 厚钢化玻璃	樘	2	此例中木质防火门只有一种规格，以“樘”为单位。如果规格较多，可以将材料和构造一样，只是尺寸大小不一致的木质防火门合并为一个清单列项，以“m^2”为单位，可以减少清单数量，方便计价。不同材料和构造做法不一样的应分开列清单

（2）计算清单工程量：

铝合金推拉门：5 樘

铝合金平开门：2 樘

铝合金推拉窗：$2.1\times1.8\times3+0.9\times1.9\times5=19.89\ m^2$

铝合金固定窗：5 樘

木质防火门：2 樘

特别提示：

1. 门窗工程尽量以“樘”为计量单位，将规格大小、材料、构造做法均一致的门窗工程列一项清单，以“樘”为单位计算工程量。铝合金推拉门与铝合金平开门，由于开启方式不同，价格会有所不同，所以分开列清单。

2. 两种不同规格大小的铝合金推拉窗，其材料、开启方式一样，可以分别列清单，以“樘”为单位计算工程量；也可以合并列清单，以“m^2”为单位计算工程量。

3. 不同材料、构造、开启方式的门窗工程，应分开列清单。

在建筑施工图中，配有门窗表，如图 2.21 所示，门窗表中对整个建筑门窗规格、型号、材质等信息均有详细描述。可将门窗分为三大类型，即木质防火门、金属门、金属窗。金属门又分为铝合金推拉门和铝合金平开门。金属窗又分为铝合金平开窗、铝合金推拉窗和铝合金固定窗。根据国标清单的注示说明可知，金属门应区分金属平开门、金属推拉门、金属地弹门、全玻门（带金属扇框）、金属半玻门（带扇框）等项目，分别编码列项；金属窗应区分金属组合窗、防盗窗等项目，分别编码列项。因此，在编制门窗工程量清单时，主要根据门窗材质和开启方式来编制清单。

在选择清单单位时，以“樘”或“m^2”都可以，二者选其一。为了方便计算，被列入同一清单项目中的门或窗在其尺寸一致的情况下，建议以“樘”为单位，更加直观；若尺寸大小不一致，建议以“m^2”为单位，更加合理。这是因为在投标人计算综合单价时，大小一致的门或窗，其综合单价即多少元一樘门或窗；大小不一致时，综合单价则为多少元每个平方米的门或窗。

2.5　柜类工程

2.5.1　柜类工程量清单编制

1. 柜类工程的概念

在装饰装修工程中，柜类工程按制作安装方式不同可分为现场制作、成品定制（装配式）、成品柜。

现场制作是传统的做法，也是最常见的一种制作方式，通常是设计好图纸后由专业木工进行制作。现场制作的优势是省钱且耐用，业主可以自己去建材市场选购合适的板材，然后让木工根据图纸做出来；缺点是如果木工的工艺水平不高，可能导致制作出来的柜子质量不佳，美观性差，还会影响使用寿命。

成品定制（装配式）是由定制制造商到施工现场实地测量，根据业主的需求，确定柜类的定制方案，绘制图纸，厂家按图纸尺寸在工厂裁切板材，最后将预先裁切好的板材运送至施工现场进行组装，最终成型。成品定制是装配式装修的一种体现，也是装修行业的一种趋势，其优势在于可以实现工业化生产，生产效率大大提高，同时能保证整体风格的统一和协调，充分发挥空间的利用率，满足个性化的需求。

成品柜是直接去家具店选购，优势在于所见即所得，没有视觉落差，周期短，付款即交货；缺点在于尺寸固定，不是量身定制，很难最大化利用空间，批量生产，缺少个性。

2. 柜类工程量清单

在《房屋建筑与装饰工程工程量计算标准》（GB/T 50854—2024）中，柜类工程主要包含在“附录 Q 其他装饰工程”中的“Q.1 柜、架、台”中，按不同的形态和制作安装方式分为装饰柜、装饰架、装饰台、成品装饰柜（架、台）等四个大类。

3. **柜类工程量清单编制要点**

柜类工程是装饰装修工程的重要组成部分，在编制工程量清单时应注意以下要点：

（1）根据制作安装方式确定柜类工程的种类。

（2）确定柜类工程柜体、柜门、台面、背板以及五金配件的材料，项目特征内容与构造层次和材料直接相关。构造层次在施工图中常以节点大样图呈现，材料标注在施工图中。如果均未体现且无法落实具体做法，可按施工中的常规做法确定项目特征内容。

（3）按《房屋建筑与装饰工程工程量计算标准》（GB/T 50854—2024），计量单位是“m^2”，在实际工程中可根据柜类的形态以方便计量和计价为原则确定计量单位，如“个”“m”“m^3”等，按计算规则计算工程量。

（4）对于有争议的部分，条件允许时可以现场实测实量。

2.5.2 典型示例

【例 2.8】已知房间净高 2.8 m，根据平面图（图 2.22），列出柜类工程量清单。

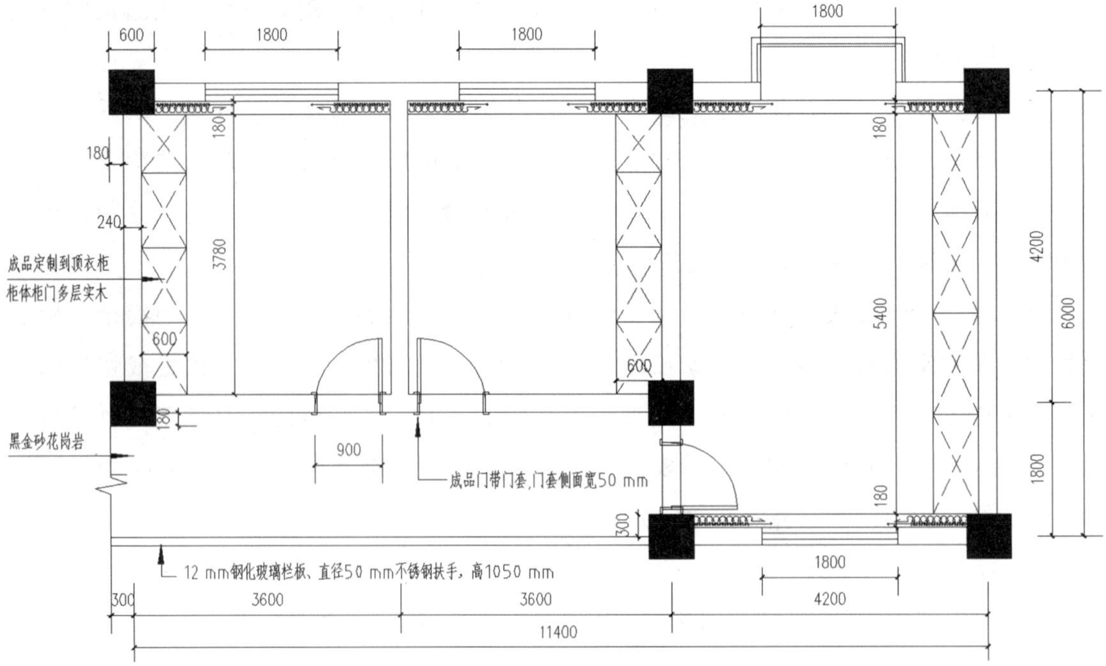

图 2.22　衣柜平面布置图

解：（1）列清单项目表，如表 2.9 所示。

表 2.9　分部分项工程清单

项目编码	项目名称	项目特征	计量单位	工程量	涉及知识点
011501004001	衣柜	（1）台柜规格：成品定制 600 mm 厚、2800 mm 高到顶衣柜 （2）材料种类、规格：柜体柜门免漆多层实木板 （3）五金种类、规格：拉手、合页、抽屉轨道、挂衣杆、柜门拉直器均为不锈钢，按需设置	m	12.96	衣柜的计量单位有三个“个”“m^3”“m”。当所有的柜子规格大小、材料构造一样时，以“个”为计量单位；当柜子的数量很多、柜体深度都不一样、材料构造差不多时，以“m^3”为计量单位更为合适；当柜子柜体深度、高度、材料构造一致时，以“m”为计量单位最佳

（2）计算清单工程量：

衣柜：3.78×2+5.4=12.96 m

特别提示：

以“m”为计量单位，只需根据图示尺寸计算柜子的净长即可，工程量为柜子的净长之和。

第3章　标准型装饰工程量清单编制

3.1　拆除工程

3.1.1　拆除工程量清单编制

1. 拆除工程的概念

为了改变原有空间布局，扩大使用空间，满足使用者的功能需求以及追求更加舒适的空间效果，在不破坏主体结构的情况下，可考虑对原始墙体、墙面、地面、门窗等部位进行拆除。拆除工程是根据设计图纸进行的，如非承重墙体的拆除、门洞拓宽的拆除、墙顶地饰面层的拆除、墙面保温层的拆除、地面防水层的拆除、门窗的拆除等。在建筑装饰装修工程中，禁止对承重墙体、柱、梁等主体受力结构进行拆除，同时，避免拆除构造柱、圈梁等虽不承重但影响结构整体性的构件。

2. 拆除工程量清单

拆除工程在《房屋建筑与装饰工程工程量计算标准》（GB/T 50854—2024）中没有设置具体的清单项目，可以根据实际情况进行清单补充列项，主要包括砖砌体拆除、混凝土及钢筋混凝土构件拆除、木构件拆除、抹灰层拆除、块料面层拆除、龙骨及饰面拆除、屋面拆除、铲除油漆涂料裱糊面、栏杆栏板拆除、轻质隔墙拆除、门窗拆除、金属构件拆除、管道及卫生洁具拆除、灯具玻璃拆除、其他构件拆除、开孔（打洞）等。

3. 拆除工程量清单编制要点

拆除工程一般是装饰装修工程中最先实施的项目，同时也是隐蔽工程，预结算时，在拆除的项目和工程量方面容易产生争议。在编制工程量清单时应注意以下要点：

（1）有拆除施工图的，根据拆除施工图中所标注的内容进行工程量清单的列项和算量。

（2）没有拆除施工图而实际施工中确实需要进行拆除的，可根据施工图的设计说明，或根据原始结构图与平面布置图对照的方法判断拆除的位置和大小，编制工程量清单。

（3）施工现场实测实量。

（4）拆除工程项目特征没有明确的，可按常规内容进行描述或按拆除后的建渣来判断。

（5）拆除工程需考虑建筑垃圾外运。外运包含两个部分，即楼内运输和楼外运输。是否计算根据合同要求和现场情况确定。

（6）在列清单时，存在多个计量单位的情况，只能选择一个计量单位，不可同时存在多个计量单位，根据现场实际情况以方便计量和计价为原则确定计量单位。

3.1.2　典型示例

【例 3.1】某建筑装饰装修工程正在实施拆除工程，请根据图 3.1 中工人正在实施的项目进行清单列项、描述项目特征、确定计量单位。

（a）拓高门洞　（b）铲除顶棚腻子及涂料　（c）铲除墙面腻子及涂料　（d）铲除墙面砂浆保温层

（e）拆除窗户　（f）拆除水泥砂浆楼地面　（g）拆除地面块料面层

图 3.1　拆除工程施工现场

解：(1) 列清单项目表，如表3.1所示。

表3.1 分部分项工程清单

项目编码	项目名称	项目特征	计量单位	说明
01B001	砖砌体拆除	(1) 砌体名称：过梁上方砌墙 (2) 砌体材质：多孔砖 (3) 拆除高度：2.1 m以上 (4) 拆除砌体的截面尺寸：详见施工图或现场测量 (5) 砌体表面的附着物种类：砂浆找平、腻子粉涂料	m^3	图3.1 (a) 工人在拓高门洞时，门洞过梁上方至顶局部砖砌体拆除
01B002	钢筋混凝土构件拆除	(1) 构件名称：门洞上方过梁 (2) 拆除构件的厚度或规格尺寸：同墙厚，120 mm宽 (3) 构件表面的附着物种类：砂浆找平、腻子粉涂料	m^3	图3.1 (a) 工人在拓高门洞时，门洞过梁需拆除，过梁为钢筋混凝土构件
01B003	铲除涂料面	(1) 铲除部位名称：顶面 (2) 铲除部位的截面尺寸：按图示尺寸	m^2	图3.1 (b) 铲除顶棚腻子及涂料
01B004	铲除涂料面	(1) 铲除部位名称：内墙面 (2) 铲除部位的截面尺寸：按图示尺寸	m^2	图3.1 (c) 铲除墙面腻子及涂料。注意项目编码的编写规律
01B005	立面抹灰层拆除	(1) 拆除部位：内墙面 (2) 抹灰层种类：砂浆保温层	m^2	图3.1 (d) 铲除墙面砂浆保温层
01B006	金属门窗拆除	(1) 室内高度：2.9 m (2) 门窗洞口尺寸：2400 mm×1500 mm	樘	图3.1 (e) 拆除窗户，尺寸大小由施工图或现场测量确定
01B007	平面抹灰层拆除	(1) 拆除部位：室内地面 (2) 抹灰层种类：水泥砂浆楼地面或找平层	m^2	图3.1 (f) 拆除水泥砂浆楼地面或找平层
01B008	平面块料拆除	(1) 拆除的基层类型：水泥砂浆找平层 (2) 饰面材料种类：地面砖	m^2	图3.1 (g) 拆除地面块料面层

【例 3.2】如图 3.2 所示，在对室内进行装修时，需拆除房间地面，拆掉房间 1 与房间 2 之间的实心砖墙，房间内的墙面抹灰和墙裙也一并铲除，其他维持原状，列出拆除工程量清单。

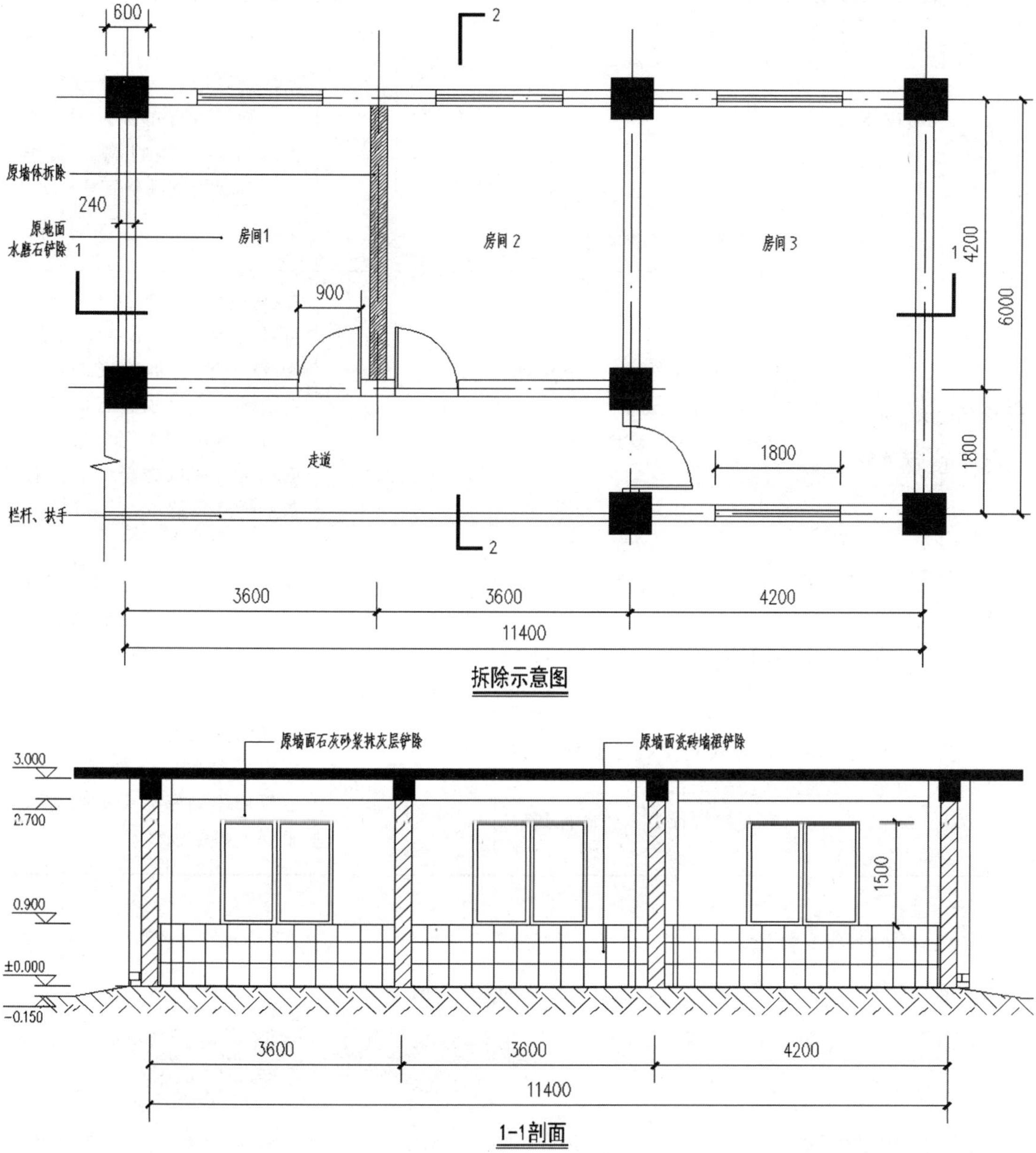

图 3.2　拆除工程平立面示意图

解：(1) 列清单项目表，如表 3.2 所示。

表 3.2　分部分项工程清单

项目编码	项目名称	项目特征	计量单位	工程量	说明
01B001	砖砌体拆除	(1) 砌体名称：砖砌隔墙 (2) 砌体材质：按现场实际 (3) 拆除高度：至梁底 2.7 m (4) 拆除砌体的截面尺寸：墙厚 0.24 m，墙高 2.7 m (5) 砌体表面的附着物种类：石灰砂浆抹灰和瓷砖墙裙	m^3	2.57	墙体拆除时，表面附着物一并拆除，不再单独列项；所拆除墙体具体材料不明确时，按现场实际确定
01B002	现浇水磨石拆除（原平面抹灰层拆除）	(1) 拆除部位：室内三个房间的原地面装修 (2) 抹灰层种类：现浇水磨石	m^2	49.42	在《房屋建筑与装饰工程工程量计算标准》(GB/T 50854—2024) 中没有拆除现浇水磨石清单，现浇水磨石的硬度和拆除难度与水泥砂浆楼地面接近，所以选择“平面抹灰层拆除”清单
01B003	立面抹灰层拆除	(1) 拆除部位：墙身 0.9 m 以上至楼板底 (2) 抹灰层种类：石灰砂浆抹灰	m^2	72.4	抹灰层拆除通常是指砂浆面层的铲除，如常见的水泥砂浆、石灰砂浆、混合砂浆等
01B004	立面块料拆除	(1) 拆除的基层类型：原建筑墙体水泥砂浆找平 (2) 饰面材料种类：瓷砖面层	m^2	35.26	拆除的基层类型是指瓷砖的附着面类型。一般情况下，建筑墙体砌好后会做砂浆找平层，再贴瓷砖

(2) 计算清单工程量。

砖砌体拆除：$(4.2-0.24)\times0.24\times2.7=2.57\ m^3$

平面抹灰层拆除：$(3.6-0.24+3.6-0.24)\times(4.2-0.24)+(6-0.24)\times(4.2-0.24)=49.42\ m^2$

立面抹灰层拆除：$[(3.6-0.24)\times2\times2+(4.2-0.24)\times2+(4.2-0.24+6-0.24)\times2+0.18\times2]\times(3-0.9)-1.5\times1.8\times4-(2.1-0.9)\times0.9\times3=72.4\ m^2$

立面块料拆除：$[(3.6-0.24)\times2\times2+(4.2-0.24)\times2+(4.2-0.24+6-0.24)\times2+0.18\times2-0.9\times3+0.12\times6]\times0.9=35.26\ m^2$

特别提示：

1. 在房屋的二次装修或精装修中，由于原房间功能分区和布局不能满足业主的要求，很多情况下需要对原建筑中的非承重墙体进行拆除，对房屋的空间进行重新规划和利用，以满足业主的需求。砖砌体拆除清单项目正是属于这种情况，在计算工程量时按拆除的墙体体积计算。计算式中“4.2－0.24”为拆除墙体的净长，“0.24”为墙体厚度，“2.7”为梁下墙体的高度，虽然该房间净高 3 m，但墙体的高度为房间净高净梁的高度。

2. 在二次装修中，常需要将原装饰层拆除，如原墙面、地面的抹灰、块料等，以及天棚中的吊顶，这些拆除项目应按位置的不同分别列清单项目。在清单项目的名称中，“平面”一般指楼地面，“立面”一般指墙柱面。在计算拆除抹灰面或块料面的工程量时，需要特别注意的是，位于应拆除墙体上的块料或抹灰，不再计算工程量，因为在拆除墙体时已同时将面层拆除。

3. 平面抹灰层拆除的计算式中，“（3.6－0.24＋3.6－0.24）”为两个小房间的净开间之和，“4.2－0.24”为小房间的进深，相乘得小房间地面拆除的面积；“6－0.24”为大房间的墙间净长，“4.2－0.24”为大房间的墙间净宽，相乘得大房间地面拆除的面积。

4. 在立面抹灰和块料拆除中，在计算工程量时，应扣除门窗洞口的面积。“（3.6－0.24）×2×2＋（4.2－0.24）×2”为两个小房间的内墙面周长；“（4.2－0.24＋6－0.24）×2＋0.18×2”为大房间的内墙面周长，其中“0.18×2”为突出墙体的边柱所增加的长度；“3－0.9”为抹灰层的高度，“3”为房间净高，“0.9”为块料墙裙高度，相减后为抹灰层高度；“1.5×1.8×4”为应扣除的四扇窗洞的面积；“（2.1－0.9）×0.9×3”为应扣除的三扇门洞的面积，由于 0.9 m 以下的块料墙裙的面积在前面的计算式中已扣除，所以在扣除门洞的面积时，只扣除 0.9 m 以上的门洞面积，故门高为“2.1－0.9”。拆除门窗洞口的侧面抹灰忽略不计。

5. 立面块料（墙面墙裙）拆除，工程量计算规则为按拆除面积计算。在计算工程量时，由于窗洞在墙裙标高之上，故不用扣除窗洞面积，但应扣除门洞面积。由于门洞已完全分割墙裙，同立面抹灰层拆除的计算式一样，计算出整个墙面的长度。计算式中“0.9×3”为三个门洞的宽度，“0.12×6”为三个门洞的侧面面积，由于门洞的侧面也有块料墙裙，应一并拆除。

3.2 新建工程

3.2.1 新建工程量清单编制

1. 新建工程的概念

新建工程指按需求砌筑的墙体、隔断、地台、门洞以及对原结构拆除后的修整等。新建工程是继拆除工程后装饰装修过程中非常重要的一环，设计师根据客户的需求，对房屋的各个空间进行重新布局和规划，施工队伍需要将设计从图纸上一步一步落实到工地现场，完整地展现房屋基础轮廓。

2. 新建工程量清单

在《房屋建筑与装饰工程工程量计算标准》（GB/T 50854—2024）中，没有新建工程章节，分散在砌筑工程、混凝土及钢筋混凝土工程、金属结构工程、楼地面装饰工程、墙柱面装饰与隔断幕墙工程中。如新建墙体的清单在砌筑工程中，新安装门洞过梁的清单在混凝土及钢筋混凝土工程中，新建钢楼板和钢楼梯的清单在金属结构工程中，拆除后的地面修整的清单在楼地面装饰工程中，拆除后的墙面以及洞口修整的清单在墙柱面装饰与隔断幕墙工程中。

3. 新建工程量清单编制要点

新建工程是继拆除工程之后实施的项目，同时也是隐蔽工程。在新建工程的项目和工程量方面较容易产生争议，在编制工程量清单时应注意以下要点：

（1）有新砌施工图的，根据新砌施工图中所标注的内容进行工程量清单的列项和算量。

（2）没有新砌施工图而实际施工中确实需要进行新砌的，可根据施工图的设计说明，或根据原始结构图与平面布置图对照的方法判断新砌的位置和大小，编制工程量清单。

（3）施工现场实测实量。

（4）新砌工程项目特征没有明确的，可按常规内容进行描述。

（5）在列清单时，存在多个计量单位的情况，只能选择一个计量单位，不可同时存在多个计量单位，根据现场实际情况以方便计量和计价为原则确定计量单位。

3.2.2　典型示例

【例 3.3】在对室内进行装修时，需封门洞、包立管、新砌墙体，根据图 3.3 和图 3.4 列出新砌工程量清单。

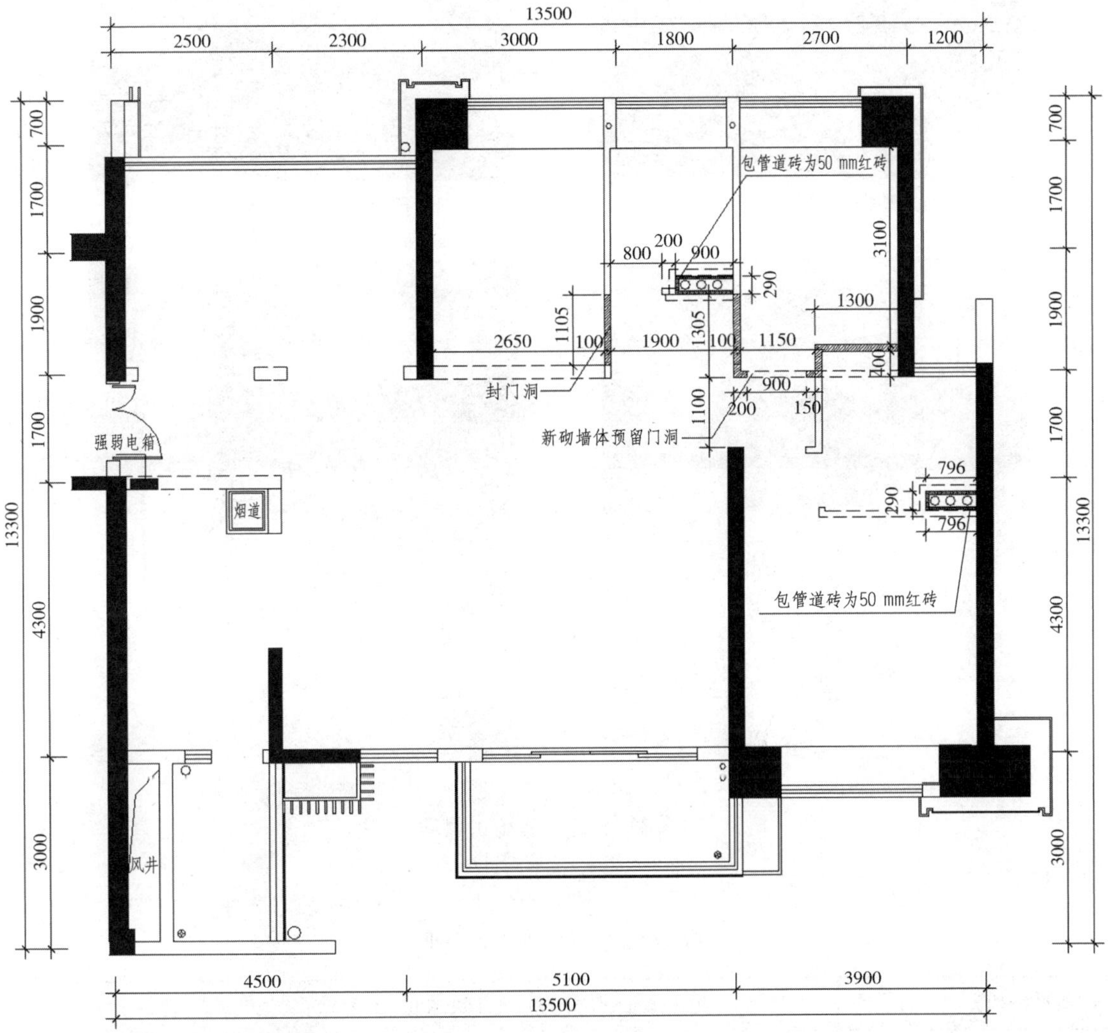

拆除墙体
轻质砖砌体
注：1. 室内净高2.9 m
　　2. 室内新砌门洞预留完成后地面2450 mm

图 3.3　新建工程平面示意图

(a) 底部三层实心红砖砌筑

(b) 每砌 500 mm 高植筋一根

(c) 满挂钢丝网片

(d) 挂网后冲筋抹灰

图 3.4 新建工程施工现场

解：（1）列清单项目表，如表 3.3 所示。

表 3.3 分部分项工程清单

项目编码	项目名称	项目特征	计量单位	工程量	说明
010401002001	隔墙下实心砖（原实心砖墙）	（1）砖品种、规格、强度等级：MU15 红砖实心砖 200 mm×100 mm×50 mm （2）墙体类型：100 mm 厚隔墙下砌三皮实心砖 （3）砂浆强度等级、配合比：砌筑砂浆 M10.0	m^3	0.09	如图 3.1（a）所示，隔墙下砌三皮高实心砖，实心砖和砂浆的规格、品种、强度等信息未明确，可按常规考虑

续表

项目编码	项目名称	项目特征	计量单位	工程量	说明
010401002002	砖砌包立管（原实心砖墙）	(1) 砖品种、规格、强度等级：MU15 红砖实心砖 200 mm×100 mm×50 mm (2) 墙体类型：50 mm 厚包管 (3) 砂浆强度等级、配合比：砌筑砂浆 M10.0	m^3	0.55	砖砌包管是装修中常见的包管方法，为避免材料种类过多，从省材的角度考虑，包立管材料尽量与隔墙材料一致
010402001001	砌块墙	(1) 砌块品种、规格、强度等级：A3.5 加气轻质混凝土砌块 600 mm×200 mm×100 mm (2) 墙体类型：100 mm 厚轻质隔墙 (3) 砂浆强度等级：砌筑砂浆 M10.0	m^3	0.91	砌块墙是在三层实心砖上砌筑，砌块和砂浆的规格、品种、强度等信息未明确，可按常规考虑
040901008001	植筋	(1) 材料种类：螺纹钢 (2) 材料规格：直径 8 mm，单根长 1200 mm (3) 植入深度：入原墙 100 mm (4) 植筋胶品种：丙烯酸植筋胶	根	44	植筋是为了加强新旧墙体的连接，提高墙体的整体性，常在新旧墙体交界处每砌 500 mm 高设置拉接筋，如图 3.4（b）所示
010506023001	钢丝网片	钢筋种类、规格：热镀锌钢丝网 0.9 mm	m^2	45.51	如图 3.4（c）（d）所示，为了减小房屋沉降、砌体材料应力、新旧墙体交界等造成的墙面开裂，新砌墙体会挂钢丝网片。钢丝网片通常搭接到旧墙面上 300 mm 宽
010502023001	过梁	(1) 混凝土种类：预制混凝土过梁 1400 mm×100 mm×100 mm (2) 混凝土强度等级：C20	根	1	对于装饰装修工程，少量的钢筋混凝土工程尽可能采用预制。在选择计量单位时，尽可能使用方便计量和计价的单位
011201004001	墙面批荡（原立面砂浆找平层）	(1) 墙体类型：红砖墙、加气轻质混凝土砌块隔墙 (2) 底层厚度、砂浆配合比：10 mm 抹灰砂浆 M10.0 (3) 面层厚度、砂浆配合比：5 mm 抹灰砂浆 M10.0	m^2	36.17	墙面批荡指墙面砂浆找平。砂浆种类、厚度、配合比等信息未明确时，可按常规考虑

特别提示：

植筋在《房屋建筑与装饰工程工程量计算标准》（GB/T 50854—2024）中没有清单项目，借用《市政工程工程量计算规范》（GB 50857－2013）中的“040901008 植筋”清单项目。

（2）计算清单工程量。

隔墙下实心砖：1.105×0.2×0.1(封门洞)＋[（1.305＋1.105＋0.4＋1.3）×0.2－0.9×0.2]×0.1＝0.09 m^3

砖砌包立管：[（0.9×2＋0.29－0.05×2)＋(0.796×2＋0.29－0.05×2)]×2.9×0.05＝0.55 m^3

砌块墙：[（1.305＋1.105＋0.4＋1.3）×(2.9－0.2)－0.9×(2.45－0.2)]×0.1＝0.91 m^3

植筋：2.1/0.5×2＋2.9/0.5×2＋2.9/0.5×4＝44 根

钢丝网片：[（1.305＋1.105＋0.4＋1.3＋0.3×2)×2.9－0.9×2.45]×2＝22.91 m^2（新砌墙体）

（1.105＋0.3×2)×(2.1＋0.3)×2＝8.18 m^2（封门洞）

[（0.9×2＋0.29－0.05×2＋0.3×2)＋(0.796×2＋0.29－0.05×2＋0.3×2)]×2.9＝14.42 m^2（包立管）

合计：22.91＋8.18＋14.42＝45.51 m^2

过梁：1 根

墙面批荡：[（1.305＋1.105＋0.4＋1.3）×2.9－0.9×2.45]×2＋(2.45×2＋0.9)×0.1＝20.01 m^2（新砌墙体）

1.105×2.1×2＝4.64 m^2（封门洞）

（0.9×2＋0.29＋0.796×2＋0.29）×2.9＝11.52 m^2（包立管）

合计：20.01＋4.64＋11.52＝36.17 m^2

特别提示：

1. 隔墙下实心砖墙的工程量由两部分组成，即封门洞处和新建墙体处。计算式中“0.2”指三皮高的砖墙高度，“0.1”是墙体厚度。“0.9×0.2”是由于预留门洞处没有砌砖，所以扣除。

2. 砖砌包立管工程量计算式中“－0.05×2”是为了计算包立管墙体的中心线长度，

原尺寸标注均为外边线尺寸。

3. 砌块墙工程量计算式中的“−0.2”是指砌块墙体是从三皮砖高的位置往上砌筑的，所以要扣掉三皮砖的高度。

4. 植筋的位置共有三处，即封门洞两侧、新建墙体的两头、包立管的四边；植筋的计量单位决定工程量不能为小数，只入不舍，取整。

5. 钢丝网片工程量计算式中的“0.3”是指钢丝网片搭接到旧墙面上 300 mm 宽。

6. 墙面批荡在新建墙体和封门洞处均计算墙的双面面积，包立管的墙面批荡只有单面。计算式中“（2.45×2+0.9）×0.1”是预留洞口侧面面积。

3.3 防水工程

3.3.1 防水工程量清单编制

1. 防水工程的概念

防水工程是装饰装修施工过程中一个非常重要的环节，在卫生间、厨房、阳台、地下室以及屋面等与水接触较密切的空间应采取防水措施。防水效果的好坏是衡量装修质量的一个重要标准，一旦发生漏水，不仅影响居住体验，还影响房屋的使用功能。防水工程是隐蔽工程，上面会被其他装饰材料覆盖，修复时需耗费大量成本。因此，在有防水要求的空间，要将防水工程纳入工程量清单中。

2. 防水工程量清单

在《房屋建筑与装饰工程工程量计算标准》（GB/T 50854—2024）中，防水工程属于屋面及防水工程，由屋面、屋面防水及其他、墙面防水防潮、楼（地）面防水防潮四个部分构成，其中，室内装饰装修工程所涉及的防水工程主要是墙面防水防潮、楼（地）面防水防潮两个部分。

3. 防水工程量清单编制要点

防水工程是继新建工程之后实施的项目，是隐蔽工程。防水工程的项目和工程量较容易产生争议，在编制工程量清单时应注意以下要点：

（1）有防水施工图的，根据防水施工图中所标注的内容进行工程量清单的列项和算量。

（2）没有防水施工图而实际施工中确实需要进行防水的，可根据施工图的设计说明、平面系统图判断防水的位置和大小，编制工程量清单。

（3）施工现场实测实量。

（4）防水工程项目特征没有明确的，可按常规内容进行描述。

（5）在列清单时，存在多个计量单位的情况，只能选择一个计量单位，不可同时存在多个计量单位，根据现场实际情况以方便计量和计价为原则确定计量单位。

3.3.2 典型示例

【例 3.4】某宿舍卫生间如图 3.5 所示，经过管道改造后，地面和墙面以及门洞处均已砂浆找平，刷防水涂料，地面、墙面及门洞侧面均做防水，防水高度 1.8 m，门洞高 2 m，面层（楼地面、墙柱面装饰）另计，本题不考虑，列出防水工程量清单。

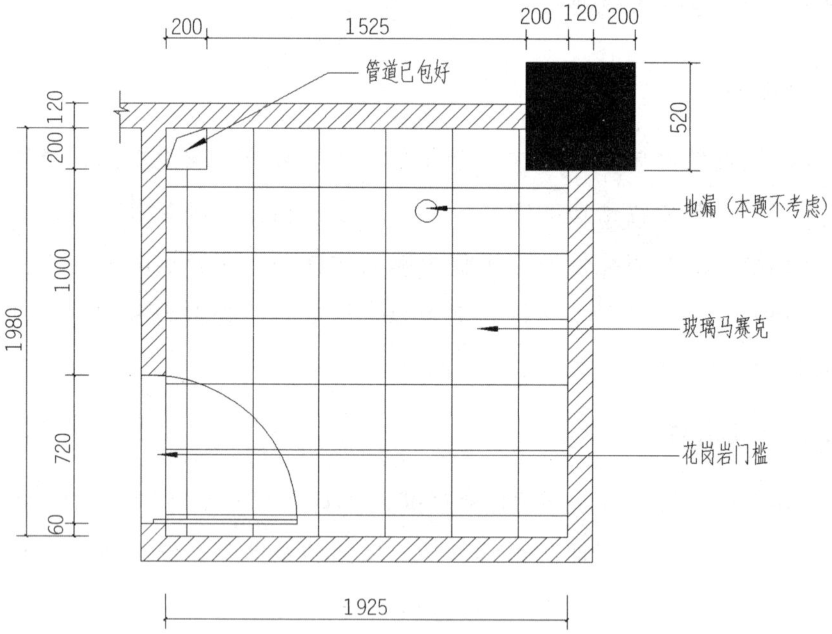

图 3.5 卫生间平面图

解：（1）列清单项目表，如表 3.4 所示。

表 3.4　分部分项工程清单

项目编码	项目名称	项目特征	计量单位	工程量	说明
010903002001	墙面涂膜防水	（1）防水膜品种：单组分聚氨酯涂膜防水 （2）涂膜厚度、遍数：1.5 mm 厚，2 遍	m^2	13.48	楼（地）面防水反边高度＞300 mm 时按墙面涂膜防水计算。防水膜品种、厚度、遍数在图纸中未明确时按常规施工考虑，结算时按实计算
010904002001	楼（地）面涂膜防水	（1）防水膜品种：单组分聚氨酯涂膜防水 （2）涂膜厚度、遍数：1.5 mm 厚，2 遍 （3）反边高度：1.8 m	m^2	3.96	楼（地）面防水反边高度≤300 mm 时算作地面涂膜防水，反边高度＞300 mm 时按墙面涂膜防水计算，此处反边高度达到 1.8 m，按墙面涂膜防水计算

特别提示：

《房屋建筑与装饰工程工程量计算标准》（GB/T 50854—2024）中的 010903002 墙面涂膜防水、010904002 楼（地）面涂膜防水清单有“增强材料种类”项目特征。防水工程中的增强材料主要有玻璃纤维布（简称玻纤布）、合成纤维（聚酯、丙纶等），如图 3.6 所示。无纺布或纺织布，采用一布二涂或二布三涂施工工艺，可以增加涂膜防水层的强度，提高防水层抵抗基层发生的微小变形，延长防水层使用寿命，同时还可以防止涂膜流坠。此处未考虑增强材料，没有描述“增强材料种类”项目特征。

（a）玻璃纤维布

（b）丙纶布

图 3.6　防水工程中的增强材料

（2）计算清单工程量。

墙面涂膜防水：$(1.925+1.98)\times 2\times 1.8-0.72\times 1.8+1.8\times 2\times 0.2=13.48\ m^2$

楼（地）面涂膜防水：$1.925\times 1.98+0.72\times 0.2=3.96\ m^2$

特别提示：

1. 防水工程根据防水的位置不同可分为屋顶防水、外墙防水、地下室防水、室内楼地面防水、内外墙面防水等几大类。在房屋建筑工程中，这五个位置的防水均应根据要求采取相应的防水措施。在进行房屋的二次装修或者精装修时，尽管房屋建筑工程已做了防水，对于防水有要求的位置，如卫生间楼面（室内楼地面防水）、卫生间墙面（内墙防水），一般情况下均会再做一次防水处理。特别是对卫生间进行改造时，会破坏原防水层，更应再进行一次防水处理。精装中常用的防水材料为防水涂料，属于涂膜防水一类。因为其施工方便，防水效果好，在精装中广泛使用。

2. 在编制工程量清单时，墙面防水与地面防水均采用同一种材质和做法，但应分别列清单，国标清单中将地面与楼面防水进行独立列项。还要注意，只有当墙面上的防水高度＞300 mm 时，才列墙面防水清单项目，否则工程并入相应的地面防水中。该设计中墙面防水高度为 1.8 m，因此，应列墙面防水清单项目。

3. 在计算墙面涂膜防水工程量时，按卫生间内墙所刷防水层表面积计算。计算式中“0.72×1.8”为应扣减的门洞面积，“1.8×2×0.2”为应增加的门洞的两个侧面面积，其中“0.2”为墙体的厚度。

4. 在计算楼地面涂膜防水时，计算式中“1.925×1.98”为卫生间地面面积，“0.72×0.2”为门洞处地面面积，将二者相加，不用扣除包管道、突出的柱角、地漏所占面积，因为它们的单个面积均≤0.3 m²。

【例 3.5】如图 3.7 所示，根据卫生间沉箱示意图以及现场施工情况对卫生间楼地面工程清单列项。

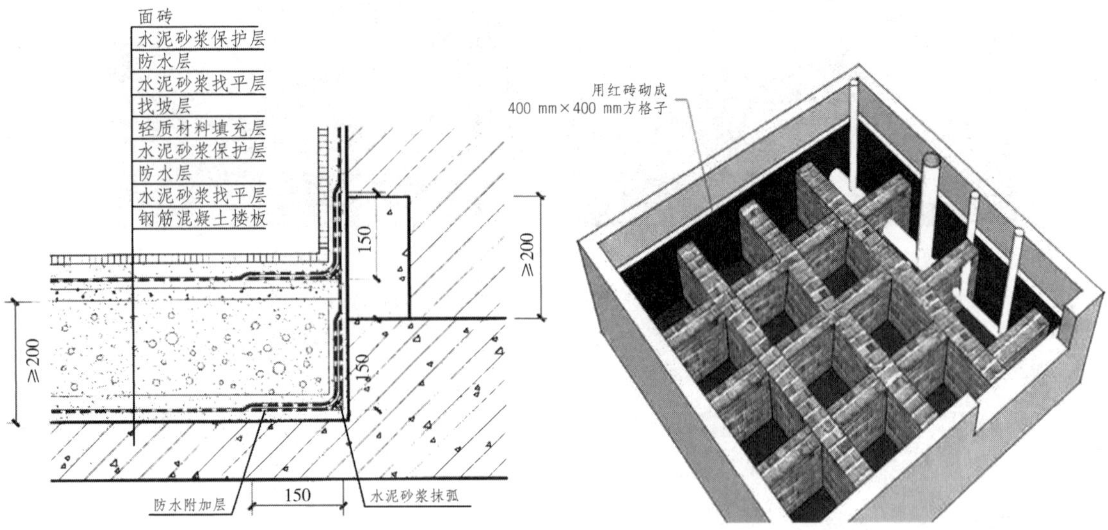

（a）沉箱构造示意图　　（b）沉箱地垄墙砌筑示意图

（c）沉箱一次防水施工现场　　（d）沉箱地垄墙、陶粒回填、钢筋施工现场

图 3.7　卫生间沉箱示意图

解：（1）列清单项目表，如表 3.5 所示。

表 3.5　分部分项工程清单

项目编码	项目名称	项目特征	计量单位	说明
011101006001	平面砂浆找平层	（1）找平层厚度、砂浆配合比：20 mm 厚 M15 水泥砂浆	m^2	根据构造示意图，在钢筋混凝土上做找平，为一次涂膜防水提供良好的底层
010904002001	一次涂膜防水（楼地面涂膜防水）	（1）防水膜品种：单组分聚氨酯涂膜防水 （2）涂膜厚度、遍数：1.5 mm 厚，2 遍 （3）反边高度：0.3 m	m^2	根据一次防水施工现场图可知，地面涂膜防水需在墙上做反边
011101006002	水泥砂浆保护层（原平面砂浆找平层）	（1）找平层厚度、砂浆配合比：20 mm 厚 M15 水泥砂浆	m^2	其目的是保护防水层，避免后续施工对一次防水造成破坏
010401003001	地垄墙（原多孔砖墙）	（1）砖品种、规格、强度等级：页岩多孔砖 240 mm×115 mm×90 mm （2）墙体类型：卫生间沉箱地垄墙 （3）砂浆强度等级、配合比：预拌干混砌筑砂浆 M10	m^3	支撑上部的楼地面荷载，保护已完成的给水排水管

续表

项目编码	项目名称	项目特征	计量单位	说明
010102007001	陶粒回填（原回填方）	（1）密实度要求：铺满、振捣密实 （2）填方材料品种：建筑用陶粒 （3）填方粒径要求：20～50 mm	m^3	用轻质材料填至设计高度，可减轻结构楼板的荷载压力
010506020001	现浇构件钢筋	（1）钢筋种类、规格：直径 8 mm 圆钢	t	设置钢筋可提高地面整体性，防塌陷
011101002001	找坡、找平层（原细石混凝土楼地面）	（1）找平层厚度、砂浆配合比：20 mm 厚 M15 水泥砂浆 （2）找坡层厚度、混凝土强度等级：30 mm 厚 C20 细石混凝土	m^2	找坡层是为了设置地面排水坡度；找平层是为了给二次涂膜防水提供良好的底层。该清单的项目特征中已包含找平层，不用对找平层单独列清单。原清单中第 2 项项目特征是描述面层，构造示意图中为找坡层，按示意图调整
010904002002	二次涂膜防水（楼地面涂膜防水）	（1）防水膜品种：单组分聚氨酯涂膜防水 （2）涂膜厚度、遍数：1.5 mm 厚，2 遍 （3）反边高度：1.8 m	m^2	楼（地）面防水反边高度≤300 mm 时算作地面防水，反边高度＞300 mm 时按墙面防水计算。此处反边高度达到 1.8 m，位于地面的按楼地面涂膜防水列清单，位于墙面的按墙面涂膜防水列清单
010903002001	墙面涂膜防水	（1）防水膜品种：单组分聚氨酯涂膜防水 （2）涂膜厚度、遍数：1.5 mm 厚，2 遍	m^2	墙上的反边高度达到 1.8 m，按墙面涂膜防水列清单
011102003001	块料楼地面	（1）保护层厚度、砂浆配合比：20 mm 厚 M15 水泥砂浆 （2）结合层厚度、砂浆配合比：5 mm 厚瓷砖胶 （3）面层材料品种、规格：300 mm×300 mm 陶瓷地面砖 （4）嵌缝材料种类：环氧彩砂美缝剂	m^2	清单包含了构造示意图中的水泥砂浆保护层、面砖。原清单中第 1 项项目特征是描述找平层，构造示意图中为保护层，按示意图调整。水泥砂浆保护层是为了防止面砖施工时对二次防水造成破坏

特别提示：

卫生间沉箱工程量清单的编制是楼地面工程量清单编制的难点，其构造层次繁多，涉及面较广，包含楼地面工程、防水工程、砌筑工程、墙柱面工程、钢筋工程等，且是隐蔽工程，在进行清单列项时，理解难度大，容易漏项。本例主要是为了让学生在理解沉箱工程施工工艺和构造层次的前提下，尝试应用《房屋建筑与装饰工程工程量计算标准》（GB/T 50854—2024）现有的清单项目进行列项，项目特征中没有明确的规格、尺寸等参数按常规考虑。

3.4　楼梯、台阶装饰工程

3.4.1　楼梯、台阶装饰工程量清单编制

1. 楼梯、台阶装饰工程的概念

楼梯、台阶装饰属于楼地面装饰工程的一部分。楼梯是建筑中联系上下楼层之间交通的设施。台阶是建筑中连接室内错层楼（地）面或室内与室外地坪的过渡设施。楼梯与台阶装饰通常由找平层、结合层、面层、防滑措施、楼梯台阶的侧面以及墙边装饰等构成。

2. 楼梯、台阶装饰工程量清单

在《房屋建筑与装饰工程工程量计算标准》（GB/T 50854—2024）中，楼梯、台阶装饰主要在“附录 L 楼地面装饰工程”的“L.6 楼梯面层”和“L.7 台阶装饰”中。面层材料包括石材、块料、拼碎块料、水泥砂浆、现浇水磨石、地毯等。楼梯、台阶牵边和侧面镶贴块料面包含在“L.8 零星装饰”项目中。

3. 楼梯、台阶装饰工程量清单编制要点

楼梯、台阶装饰是楼地面工程的重要组成部分，其施工面不大，但施工难度相对较大，施工费用相对较高，在编制工程量清单时应与楼地面工程的相应项目分开列项。在编制工程量清单时应注意以下要点：

（1）判断是楼梯面装修还是台阶面装修，按对应的清单项目列项。

（2）确定楼梯面和台阶面装修的构造层次和施工工艺，项目特征内容与构造层次和施工工艺直接相关。构造层次在施工图中常以节点大样图呈现，施工工艺常体现在施工图的设计说明中。如果均未体现且无法落实具体做法，可按施工中的常规做法确定项目特征内容。

（3）按《房屋建筑与装饰工程工程量计算标准》（GB/T 50854—2024）中的计算规则

计算工程量。

(4) 对于有争议的部分，条件允许时可以现场实测实量。

3.4.2 典型示例

【例 3.6】根据楼梯间的平面图（图 2.12）、楼梯间剖面图（图 2.13），已知楼梯的踏面、踢面以及中间平台都采用米黄色大理石，其中踏面石材宽 300 mm，踢面石材宽 162.5 mm，踢脚线采用同种石材，高 100 mm，均采用石材专用胶粘贴，石材六面刷防护材料，每一级踏面石材上均欠 4 mm×10 mm 宽铜条，铜条长同梯段宽，每一级踏面石材边缘均磨半圆边，酸洗打蜡，列出楼梯装饰工程量清单。

解：(1) 列清单项目表，如表 3.6 所示。

表 3.6　分部分项工程清单

项目编码	项目名称	项目特征	计量单位	工程量	工程量计算规则
011102001001	石材楼地面	(1) 结合层厚度、砂浆配合比：5 mm 厚石材专用胶 (2) 面层材料品种、规格、颜色：20 mm 厚米黄色大理石 (3) 嵌缝材料种类：环氧彩砂美缝剂 (4) 防护层材料种类：底面刷养护液，表面刷保护液 (5) 酸洗、打蜡要求：草酸清洗、晾干打石蜡	m^2	35.89	标高 ±0.000 为首层地面、标高 3.900 为二层楼面、标高 7.800 为三层楼面，虽处于楼梯间内，但不属于楼梯的范畴，按石材楼地面列清单
011106002001	石材楼梯面层	(1) 找平层厚度、砂浆配合比：5 mm 厚石材专用胶 (2) 面层材料品种、规格、颜色：20 mm 厚米黄色大理石 (3) 防滑条材料种类、规格：1650 mm×10 mm×4 mm 铜防滑条 (4) 勾缝材料种类：环氧彩砂美缝剂 (5) 防护材料种类：底面刷养护液，表面刷保护液 (6) 酸洗、打蜡要求：草酸清洗、晾干打石蜡 (7) 石材磨边：每级踏面石材边缘磨半圆边	m^2	32.94	按设计图示尺寸以楼梯（包括踏步、休息平台及≤500 mm 的楼梯井）水平投影面积计算。楼梯与楼地面相连时，算至梯口梁内侧边沿；无梯口梁者，算至最上一层踏步边沿加 300 mm。根据计算规则，楼梯包含踏步、休息平台及≤500 mm 的楼梯井，不包括与楼层同一标高的平台，因此，楼梯间标高 ±0.000、3.900、7.800 处石材铺贴应按石材楼地面列清单。国标清单中没有石材磨边项目特征，楼梯踏步边缘需要磨边，增加石材磨边项目特征

续表

项目编码	项目名称	项目特征	计量单位	工程量	工程量计算规则
011105002001	楼梯段石材踢脚线（原石材踢脚线）	(1) 踢脚线高度：150 mm (2) 粘贴层厚度、材料种类：5 mm 厚石材专用胶 (3) 面层材料品种、规格、颜色：20 mm 厚米黄色大理石 (4) 防护材料种类：底面刷养护液，表面刷保护液 (5) 酸洗、打蜡要求：草酸清洗、晾干打石蜡	m	13.86	指与梯段平行的倾斜铺贴的踢脚线。国标清单中没有楼梯段踢脚线清单，用“011105002 石材踢脚线”列清单
011108001001	楼梯段三角形处踢脚线（原石材零星项目）	(1) 工程部位：楼梯段踢脚线三角形处 (2) 粘贴层厚度、材料种类：5 mm 厚石材专用胶 (3) 面层材料品种、规格、颜色：20 mm 厚米黄色大理石 (4) 勾缝材料种类：环氧彩砂美缝剂 (5) 防护材料种类：底面刷养护液，表面刷保护液 (6) 酸洗、打蜡要求：草酸清洗、晾干打石蜡	m^2	0.97	楼梯段踢脚线与踏步之间的三角形处，按零星项目列清单
011105002002	石材踢脚线	(1) 踢脚线高度：150 mm (2) 粘贴层厚度、材料种类：5 mm 厚石材专用胶 (3) 面层材料品种、规格、颜色：20 mm 厚米黄色大理石 (4) 防护材料种类：底面刷养护液，表面刷保护液 (5) 酸洗、打蜡要求：草酸清洗、晾干打石蜡	m	42.80	标高为 ±0.000、3.900、7.800 的一、二、三楼楼梯间平台的位置和 1.950、5.850 两个中间平台的位置，踢脚线为水平状态，与楼梯段的踢脚线分开列清单

（2）计算清单工程量。

石材楼地面：(3.6－0.2)×(4.5＋2.4－0.2)－0.3×0.15×2－0.316×1.65＋0.2×1.6×2(一层)＋[(2.03－0.2)×(3.6－0.2)＋0.2×1.6]×2(二、三层)＝35.89 m^2

石材楼梯面层：[(1.7＋2.97＋0.2)×(3.6－0.2)－0.3×0.15×2]×2＝32.94 m^2

楼梯段石材踢脚线：

$$斜度系数=\frac{\sqrt{0.27^2+0.1625^2}}{0.27}=1.167$$

踢脚线斜长＝2.97×4×1.167＝13.86 m

楼梯段三角形处踢脚线：(0.27×0.1625÷2)×11×4＝0.97 m^2

石材踢脚线：(1.7×2＋3.6－0.2)×2(两个中间平台的位置)＋(3.6－0.2＋4.5＋2.4－0.2)×2－1.6×2＋0.1×4－0.316(一层地面位置)＋(2.03×2＋3.6－0.2－1.6＋0.1×2)×2(二、三层平台位置)＝42.80 m

特别提示：

1. 石材楼地面计算式中“0.3×0.15×2”是一层楼梯间两个角柱面积，“0.316×1.65”是楼梯段与地面接触面积，“0.2×1.6×2”是一层楼梯间两个洞口的面积。二、三层计算式中“2.03－0.2”是扣减梯梁宽度，楼梯与楼地面相连时，算至梯口梁内侧边沿，也就是楼梯与楼地面的分界线；“3.6－0.2”是扣减墙体的厚度；“0.2×1.6”是洞口面积。

2. 石材楼梯面层，按楼梯段的水平投影面积计算，包含中间平台面积，楼梯井100 mm≤500 mm，不用扣除。计算式中“＋0.2”是加上梯口梁的宽度，楼梯与楼地面相连时，算至梯口梁内侧边沿，即楼梯面层工程量包含梯口梁尺寸；“3.6－0.2”是扣减墙体的厚度；“0.3×0.15×2”是中间平台两个角柱的面积。

3. 斜度系数1.167指水平长度为1时斜长为1.167。在施工图中，只提供了水平尺寸和垂直尺寸，利用勾股定理求出斜长。

4. 楼梯段三角形踢脚线的面积，利用三角形面积公式计算。

5. 石材踢脚线计算式中，“1.6×2”是扣减一层两个门洞的长度；“0.1×4”是指踢脚线贴至门洞侧面的一半，共两个门洞、四个侧面，二、三层只有一个门洞、两个侧面，增加“0.1×2”；“0.316”是指梯段与墙体相交的位置没有踢脚线，故扣除；“0.2”是墙体的厚度。

【例 3.7】某台阶装饰施工图如图 3.8 所示，根据图纸列出楼地面工程量清单。

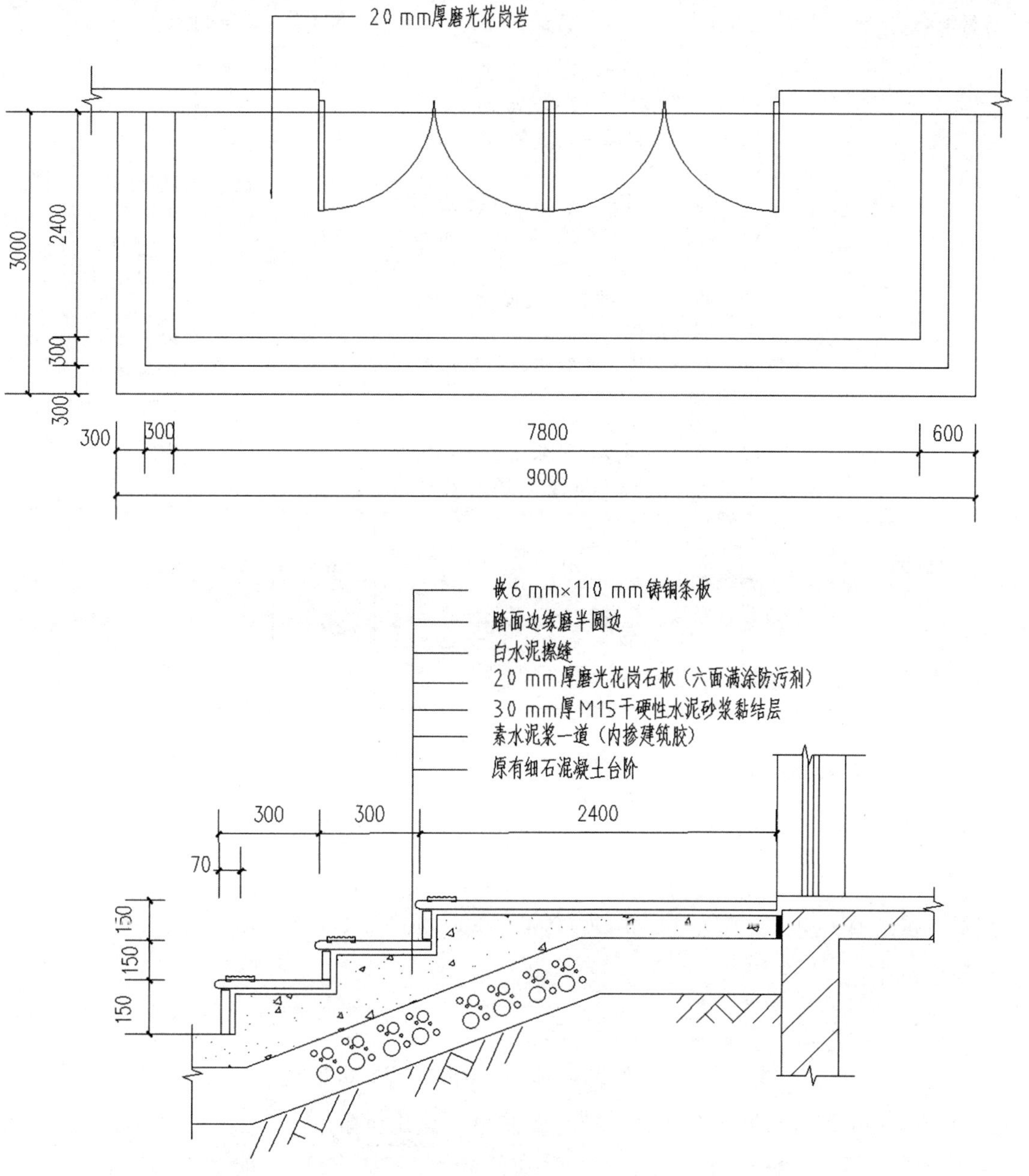

图 3.8　台阶平面图和剖面图

解：（1）列清单项目表，如表 3.7 所示。

表 3.7 分部分项工程清单

项目编码	项目名称	项目特征	计量单位	工程量	说明
011107002001	石材台阶面	(1) 黏结材料种类：素水泥浆一道，30 mm 厚 M15 干硬性水泥砂浆 (2) 面层材料品种、规格：20 mm 厚磨光花岗岩板 (3) 勾缝材料种类：白水泥擦缝 (4) 防滑条材料种类、规格：6 mm×110 mm 铸铜条板 (5) 防护材料种类：底面刷养护液，表面刷保护液 (6) 石材磨边：每级踏面石材边缘磨半圆边	m^2	11.88	按设计图示尺寸以台阶（包括最上层踏步边沿加 300 mm）水平投影面积计算，这一部分按“石材台阶面”列清单；踏步边沿超过 300 mm 的部分，列“石材楼地面”清单
011102001001	石材楼地面	(1) 结合层厚度、砂浆配合比：素水泥浆一道，30 mm 厚 M15 干硬性水泥砂浆 (2) 面层材料品种、规格：20 mm 厚磨光花岗岩板 (3) 嵌缝材料种类：白水泥擦缝 (4) 防护层材料种类：底面刷养护液，表面刷保护液	m^2	15.12	

(2) 计算清单工程量。

石材台阶面：$3\times(0.3+0.3+0.3)\times2+(7.8-0.3-0.3)\times(0.3+0.3+0.3)=11.88\ m^2$

石材楼地面：$(7.8-0.3-0.3)\times(2.4-0.3)$ 或 $9\times3-11.88=15.12\ m^2$

特别提示：

石材台阶面计算式中的“0.3+0.3+0.3”，其中两个“0.3”分别指每级台阶的宽度，另一个“0.3”指最上层踏步边沿加 300 mm；“7.8−0.3−0.3”中的“0.3”指左右两边的 300 mm 宽已经包含到两侧台阶的面积中，此处扣除。

台阶面层与楼梯面层工程量计算规则有两个共同点：一是均按水平投影面积计算，踢面的面积不计算；二是以台阶最上一层踏步边沿加 300 mm 作为台阶与地面的分界线。在图 3.8 中，虽然统称为台阶装饰，但在进行清单列项时，需分成两个部分，即石材台阶面和石材楼地面，分别进行清单列项。台阶面层或地面面层以下的构造层次部分，不再单独列项，应全部作为项目特征分别在石材台阶面和石材楼地面清单项目中进行详细描述。

3.5　墙、柱饰面及隔断工程

3.5.1　墙、柱饰面及隔墙隔断工程量清单编制

1. 墙、柱饰面及隔墙隔断工程的概念

墙、柱饰面主要是指墙、柱面装饰板饰面，常用于室内墙面的装饰。装饰板饰面种类繁多，如木饰面板、金属饰面板、镜面玻璃、织物或皮革软硬包以及各种类型的线条等。不同的面层材料，其施工工艺和构造层次均有差异。

隔墙隔断是指把房间分隔成多空间的立面，如隔墙、隔断、活动展板、活动屏风、移动隔断、移动屏风、移动隔音墙等，材料种类丰富多样，能够使装修风格更加多变。

2. 墙、柱饰面及隔墙隔断工程量清单

在《房屋建筑与装饰工程工程量计算标准》（GB/T 50854—2024）中，墙、柱饰面及隔墙隔断工程的内容在“附录 M 墙、柱面装饰与隔断、幕墙工程”的“M.5 墙、柱饰面”和“M.7 隔墙、隔断”中。“附录 Q 其他装饰工程”中的装饰线条清单在墙、柱饰面及隔墙隔断中也经常运用。

3. 墙、柱饰面及隔墙隔断清单编制要点

墙、柱饰面及隔墙隔断是墙柱面工程的重要组成部分。在编制工程量清单时应注意以下要点：

（1）判断饰面板装饰的具体位置（墙面、柱面），判断隔断是成品还是现场制作。

（2）确定墙、柱饰面及隔墙隔断工程的构造层次和施工工艺，项目特征内容与构造层次和施工工艺直接相关。构造层次在施工图中常以墙柱面节点大样图呈现，施工工艺常体现在施工图的设计说明中。如果均未体现且无法落实具体做法，可按施工中的常规做法确定项目特征内容。

（3）按《房屋建筑与装饰工程工程量计算标准》（GB/T 50854—2024）中的计算规则计算工程量。

（4）对于有争议的部分，条件允许时可以现场实测实量。

（5）《房屋建筑与装饰工程工程量计算标准》（GB/T 50854—2024）中存在多个计量单位的情况，只能选择一个计量单位，不可同时存在多个计量单位，根据现场实际情况

以方便计量和计价为原则确定计量单位。

3.5.2 典型示例

【例 3.8】某 KTV 大厅共有立柱 2 根，装饰后外直径为 1500 mm，如图 3.9 所示，列出柱面工程量清单。

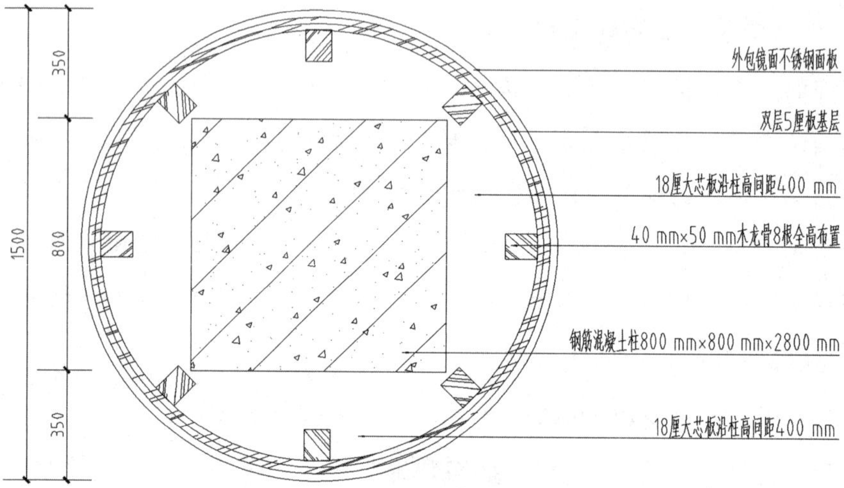

图 3.9 装饰柱面剖面图

解：（1）列清单项目表，如表 3.8 所示。

表 3.8 分部分项工程清单

项目编码	项目名称	项目特征	计量单位	工程量	说明
011205001001	柱面装饰	（1）龙骨材料种类、规格、中距：主龙骨 40 mm×50 mm 木龙骨 8 根；水平撑：18 厘大芯板沿柱高间距 400 mm （2）隔离层材料种类：木龙骨、基层板刷防火漆 2 遍 （3）基层材料种类、规格：双层 5 厘板基层 （4）面层材料品种、规格：外包镜面不锈钢面板	m^2	26.38	区分“011205001 墙、柱面装饰板”和“011506003 成品装饰柱”清单，墙、柱面装饰板是指在已有的墙体、结构柱的表面进行装饰，成品装饰柱是指原始结构没有柱子，装修时设置的仅用来装饰的“假”柱子，其没有承重功能

（2）计算清单工程量。

柱面装饰：$3.14\times1.5\times2.8\times2=26.38\ m^2$

特别提示：

按设计图示饰面外围尺寸以面积计算。1500 mm 是柱子最大外围直径。

这是常见的方柱包圆柱的做法。根据图纸描述，将 18 cm 厚的大芯板切割成一定的弧度，与方形的柱截面围合成圆形截面，沿着柱高每隔 400 mm 围合成一个圆形截面，通过 8 根 40 mm×50 mm 全高木龙骨与 18 cm 厚的大芯板所围合的圆形截面组合成圆柱形骨架，5 厘板围合两层在骨架外，形成柱面装饰的基层，最后外包镜面不锈钢板。

在编制工程量清单时，应选择墙、柱饰面中的墙、柱面装饰板清单项目。装饰装修过程中所采用的大芯板、木龙骨、基层板以及面层等的施工工序及材料应在项目特征中详细描述。

在计算工程量时，应特别注意，按柱饰面外围尺寸面积计算，而非原始柱外围面积。

【例 3.9】某酒店接待厅背景墙如图 3.10 和图 3.11 所示，30 mm×40 mm 木龙骨为单向设计，列出墙面工程量清单。

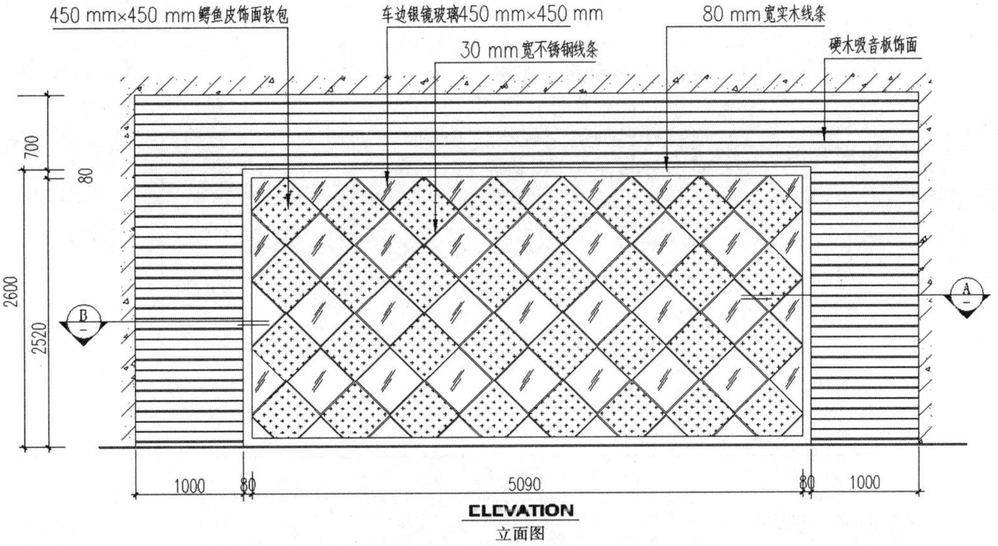

图 3.10　装饰墙立面图

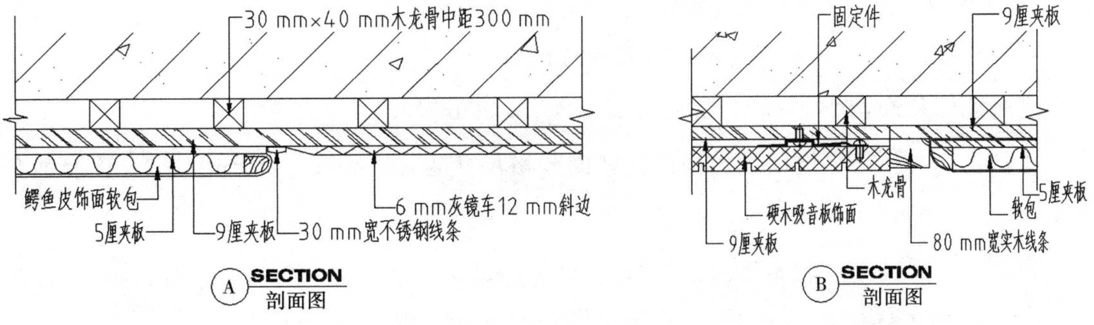

图 3.11　装饰墙剖面图

解：情况一，按装饰面层材料列清单。

（1）列清单项目表，如表 3.9 所示。

表 3.9　分部分项工程清单

项目编码	项目名称	项目特征	计量单位	工程量	说明
011205001001	墙面硬木吸音板	（1）龙骨材料种类、规格、中距：30 mm×40 mm 木龙骨，中距 300 mm （2）基层材料种类、规格：9 厘板 （3）面层材料品种、规格：硬木吸音板	m^2	10.28	"011205001 墙、柱面装饰板"清单，在建筑装饰的墙面装饰中涵盖的范围非常广，使用的频率很高，常见的木饰面板、金属饰面板、镜面饰面板等均可应用
011205004001	墙面软包	（1）龙骨材料种类、规格、中距：30 mm×40 mm 木龙骨，中距 300 mm （2）基层材料种类、规格：9 厘板 （3）面层材料品种、规格：450 mm×450 mm 鳄鱼皮饰面软包	m^2	6.21	
011205001003	墙面镜面装饰	（1）龙骨材料种类、规格、中距：30 mm×40 mm 木龙骨，中距 300 mm （2）基层材料种类、规格：9 厘板 （3）面层材料品种、规格：450 mm×450 mm×6 mm 车边银镜	m^2	6.21	
011502001001	金属装饰线	（1）基层类型：已完成的 9 厘板基层 （2）线条材料品种、规格：30 mm 宽不锈钢装饰线	m	55.22	
011502001001	木质装饰线	（1）基层类型：9 厘板 （2）线条材料品种、规格：80 mm 宽实木线条	m	15.38	

（2）计算清单工程量。

墙面硬木吸音板：$(5.09+0.08+0.08+2)\times(2.6+0.7)-(5.09+0.08+0.08)\times 2.6=10.28\ m^2$

墙面软包：$5.09\times(2.52-0.08)/2=6.21\ m^2$

墙面镜面装饰：$5.09\times(2.52-0.08)/2=6.21\ m^2$

金属装饰线：已知墙面软包和镜面玻璃分格尺寸为 450 mm×450 mm，1 m^2 墙面分格个数：$1\div(0.45\times 0.45)=4.94$ 个

墙面软包和镜面玻璃墙面面积共为 $5.09\times(2.52-0.08)=12.42\ m^2$

30 mm 宽不锈钢条：$(4.94\times 12.42)\div 2\times(0.45\times 4)=55.22$ m

木质装饰线：$(5.09+0.08+2.52)\times 2=15.38$ m

特别提示：

1. 墙面硬木吸音板的工程量仅包含硬木吸音板面积，不包含 80 mm 实木线条的面积。计算式中“（5.09＋0.08＋0.08＋2）×（2.6＋0.7）”是整个墙面的总面积，“（5.09＋0.08＋0.08）×2.6”是木质装饰线及其围合的面积。

2. 墙面软包与墙面镜面装饰工程量包含了不锈钢装饰线的面积，不包含 80 mm 实木线条的面积。计算式中“2.52－0.08”是扣除了靠近地面 80 mm 实木线条的宽度 0.08 m。

3. 金属装饰线分五步计算：

（1）计算 1 m^2 格子的个数，约 4.94 个。

（2）计算格子数的总面积，为 12.42 m^2。

（3）计算 12.42 m^2 共有多少个格子，已知 1 m^2 是 4.94 个格子，12.42 m^2 的格子数为 4.94×12.42。

（4）由图可知，只有一半的格子被不锈钢装饰线包围，所以“÷2”，得出被线条包围的格子数量。

（5）被线条包围的格子数量×一个格子的周长，得出不锈钢装饰线的总长度。

4. 木质装饰线在图上包括三个长度，即外边线围合长度、内边线围合长度、中心线围合长度。如果按外边线围合长度计算，四个角的矩形长度会重复计算，如果按内边线围合长度计算，四个角的矩形长度则没有计算，因此按中心线计算最合理。

情况二，按墙面大面做法列清单。

解：（1）列清单项目表，如表 3.10 所示。

表 3.10　分部分项工程清单

项目编码	项目名称	项目特征	计量单位	工程量	工程量计算规则
011205001001	墙面硬木吸音板（原墙面装饰板）	（1）龙骨材料种类、规格、中距：30 mm×40 mm 木龙骨，中距 300 mm （2）基层材料种类、规格：9 厘板 （3）面层材料品种、规格：硬木吸音板	m^2	10.28	按墙面大面做法列清单，可以将墙面看成两个完整的部分，即墙面吸音板装饰、墙面软包镜面菱格装饰，30 mm 宽不锈钢装饰线和 80 mm 宽实木线条均作为墙面软包镜面菱格装饰的一部分，列入项目特征中，不单独列项
011205004001	墙面软包镜面菱格装饰	（1）龙骨材料种类、规格、中距：30 mm×40 mm 木龙骨，中距 300 mm （2）基层材料种类、规格：9 厘板 （3）面层材料品种、规格：450 mm×450 mm×6 mm 车边银镜 （4）压条材料种类、规格：30 mm 宽不锈钢压条，80 mm 宽实木线条压边	m^2	13.65	

（2）计算清单工程量。

墙面硬木吸音板：(5.09＋0.08＋0.08＋2)×(2. 6＋0.7)－(5.09＋0.08＋0.08)×2.6＝10.28 m^2

墙面软包镜面菱格装饰：(5.09＋0.08＋0.08)×2.6＝13.65 m^2

特别提示：

建筑装饰工程的设计形式、施工工艺、构造做法、材料种类等繁多，工程量清单列项通常没有唯一标准，根据个人理解的不同、计价时是否便利、计价的实际意义，不同的人所列的清单会有一定的差异。在报价时，情况二的报价是每平方米软包镜面菱格装饰墙面的价格，情况一的报价是每平方米软包的价格。哪一种更具有实际意义，要结合实际情况来定夺。

【例 3.10】如图 3.12 和图 3.13 所示，隔墙设计采用 75 mm×40 mm×0.63 mm 竖向轻钢龙骨，中距 500 mm，75 mm×50 mm×0.63 mm 横向轻钢龙骨，中距 800 mm，踢脚线高 100 mm，框架结构间净长 4.3 m，净高 2.6 m，列出隔墙工程量清单。

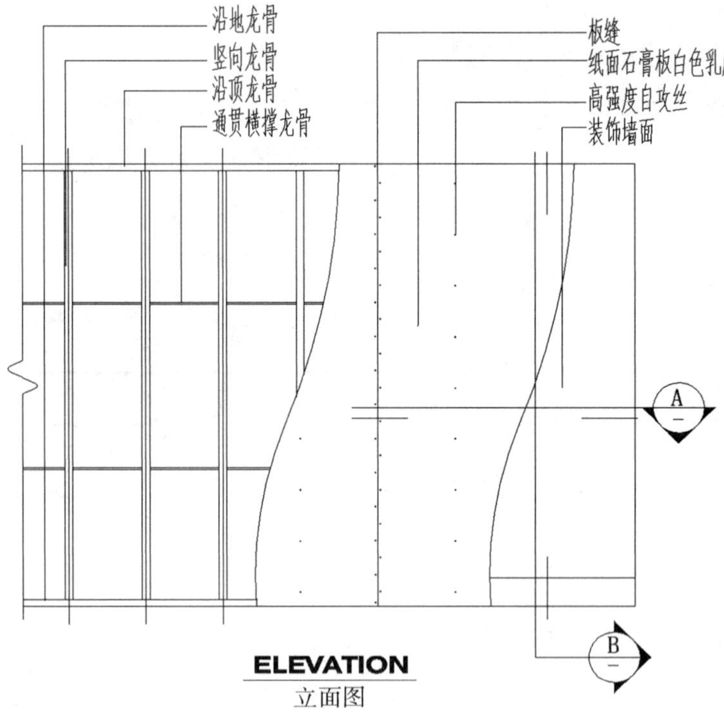

图 3.12　隔墙立面图

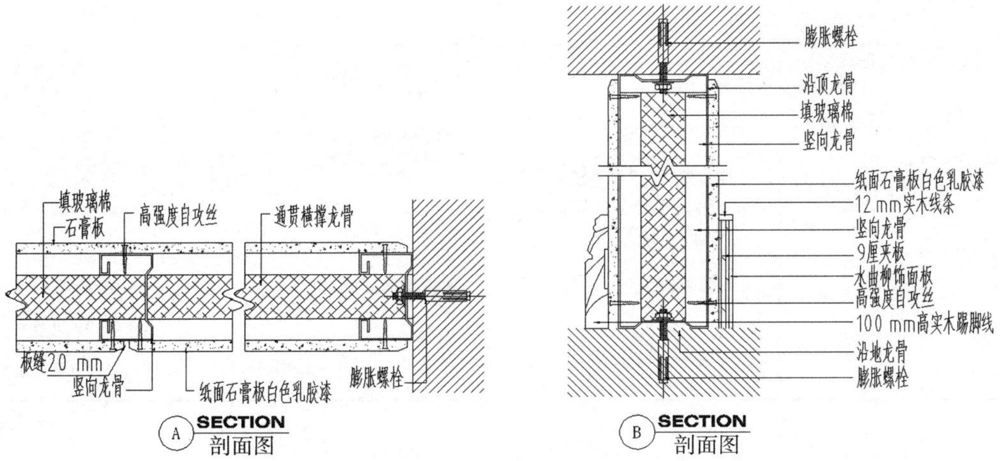

图 3.13　隔墙节点详图

解：（1）列清单项目表，如表 3.11 所示。

表 3.11　分部分项工程清单

项目编码	项目名称	项目特征	计量单位	工程量	说明
011207001001	轻钢龙骨纸面石膏板隔断（原其他隔断）	（1）骨架、边框材料种类、规格：竖向龙骨 75 mm×40 mm×0.63 mm，中距 500 mm；横龙骨 75 mm×50 mm×0.63 mm，中距 800 mm （2）隔板材料品种、规格：9.5 mm 厚纸面石膏板 （3）嵌缝、塞口材料品种：纸面石膏板	m^2	11.18	国标清单中有木隔断、金属隔断、玻璃隔断、塑料隔断、成品隔断、其他隔断，轻钢龙骨纸面石膏板隔断属于其他隔断
011105005001	成品实木踢脚线（原木质踢脚线）	（1）踢脚线高度：100 mm （2）基层材料种类、规格：9.5 mm 厚纸面石膏板 （3）面层材料品种、规格：成品实木踢脚线	m	4.3	在实际工程中，无论是成品实木踢脚线还是现场制作木饰面踢脚线，均列“011105005 木质踢脚线”清单
011105005002	木质踢脚线	（1）踢脚线高度：100 mm （2）基层材料种类、规格：9 厘板基层 （3）面层材料品种、规格：水曲柳饰面板饰面 （4）压边、线条：实木线条收口	m	4.3	（4）项目特征根据图纸增加，原国标清单中没有

续表

项目编码	项目名称	项目特征	计量单位	工程量	说明
011403001001	抹灰面油漆	(1) 基层类型：水泥砂浆找平后的外墙面 (2) 腻子种类：外墙抗裂腻子 (3) 刮腻子遍数：2遍 (4) 油漆品种、刷漆遍数：外墙真石漆，一底两面 (5) 部位：内墙	m^2	21.5	满刮腻子与抹灰面油漆可分开列清单；也可列为一项清单，满刮腻子作为抹灰面油漆的项目特征进行描述

(2) 计算清单工程量。

轻钢龙骨纸面石膏板隔断：4.3×2.6＝11.18 m^2

成品实木踢脚线：4.3 m

木质踢脚线：4.3 m

抹灰面油漆：4.3×（2.6－0.1）×2＝21.5 m^2

特别提示：

抹灰面油漆的工程量计算式中“－0.1”是指踢脚线高度需扣除；隔墙两面都要做抹灰面油漆，算出单面墙面面积后应“×2”。

轻钢龙骨石膏板隔墙室内精装修中常见的做法是用轻钢龙骨做骨架，双面铺钉纸面石膏板，中间填充玻璃棉以增强隔音效果，面层刷乳胶漆，完工后与真实的墙体无异。其自重轻、干作业施工，是精装常用的一种隔墙方式。

在国标清单中没有专门的隔墙清单项目，在编制清单时，可以将轻钢龙骨看成隔断，按隔断清单项目中的其他隔断编制清单。在轻钢龙骨石膏板隔墙的墙脚处设置有踢脚线，且两边的踢脚线做法不同。在列清单时，虽都归类于木质踢脚线项目清单，但二者的做法完全不同，一个是实木踢脚线，另一个是木饰面板踢脚线，因此应分别列清单项目。第一次使用木质踢脚线清单项目时，其清单编码为011105005001，第二次使用时，其清单项目编码为011105005002，除了在项目名称中加以区分，还应在项目特征中对其构造和材料进行详细描述。

在计算隔墙清单工程量时，虽然双面铺钉纸面石膏板，但是根据计算规则，按设计图示框外围尺寸以面积计算，因此只能计算单面的隔墙面积。

【例 3.11】某玻璃隔墙施工图如图 3.14 和图 3.15 所示，列出隔墙工程量清单。

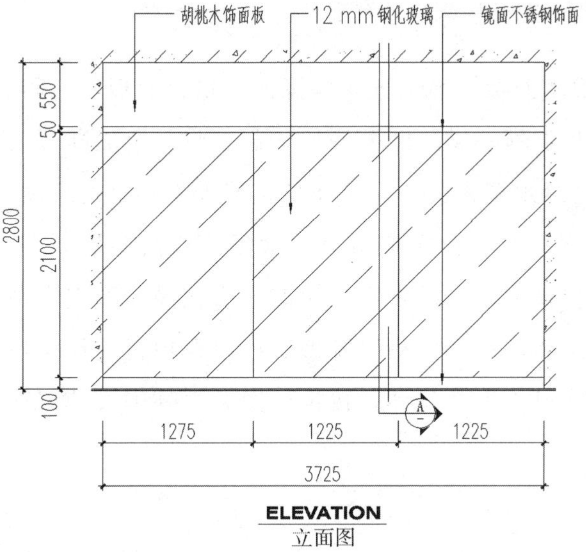

图 3.14　隔墙立面图

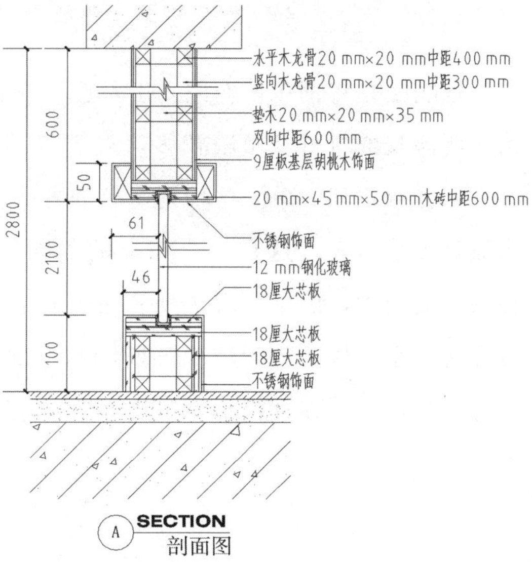

图 3.15　隔墙剖面图

解：(1) 列清单项目表，如表 3.12 所示。

表 3.12　分部分项工程清单

项目编码	项目名称	项目特征	计量单位	工程量	说明
011207003001	玻璃隔断（原成品隔断）	(1) 边框骨架材料种类、规格：20 mm×20 mm 水平木龙骨，中距 400 mm；20 mm×20 mm 竖向木龙骨，中距 300 mm；20 mm×20 mm×35 mm 垫木，双向中距 600 mm；20 mm×45 mm×50 mm 木砖，中距 600 mm (2) 边框基层材料种类、规格：下边框为 18 厘大芯板，上边框为 9 厘板 (3) 边框面层材料种类、规格：不锈钢板饰面、胡桃木饰面 (4) 玻璃品种、规格：12 mm 厚透明钢化玻璃	m^2	10.43	国标清单中“011207003 成品隔断”的第 1 条项目特征为“隔断材料品种、规格”，比较笼统，可根据实际情况分为边框骨架、边框基层、边框面层进行详细描述

(2) 计算清单工程量。

玻璃隔断：$3.725\times2.8=10.43\ m^2$

特别提示：

最常见的玻璃隔断有木骨架玻璃隔断、金属玻璃隔断、全玻璃隔断三种，其中，金属玻璃隔断主要是指铝合金玻璃隔断，本例为木骨架玻璃隔断。无论哪种玻璃隔断，均列“011207003 成品隔断”清单，根据实际情况调整项目特征。

该隔断是将钢化玻璃嵌入上基座（胡桃木面板）与下基座（镜面不锈钢面板）之间。由于所涉及的材料及做法较多，对于将其归于哪一类隔断不明确，甚至将一个隔断分为三个部分分别列清单。这种列清单的方式会给预算人员增加工作量，带来不必要的麻烦。由设计图纸可知，这是一个完整的隔断，将三个部分独立分开，就不能称其为隔断了。在整个隔断中，以钢化玻璃所占的隔断面积最大，因此在列清单时，将该隔断的三个部分作为一个整体，列为玻璃隔断项目。隔断的构造、材料以及做法可以在项目特征中进行详细的描述。在计算清单工程量时，将其视为一个整体，按设计图示框外围尺寸以面积计算。

3.6 格栅吊顶工程

3.6.1 格栅吊顶工程量清单编制

1. 格栅吊顶的概念

格栅吊顶是一种开放式的网格设计结构，适用于各大型商场、休闲会所、酒吧、机场、写字楼等场所的吊顶装饰。格栅吊顶种类很多，平面有条形、方形、三角形等，截面有矩形、圆形、片状和其他形状，如图 3.16 所示。格栅材料主要有铝合金、PVC、塑木等。

（a）三角形格栅

（b）矩形格栅

（c）不同规格条形空腹式格栅

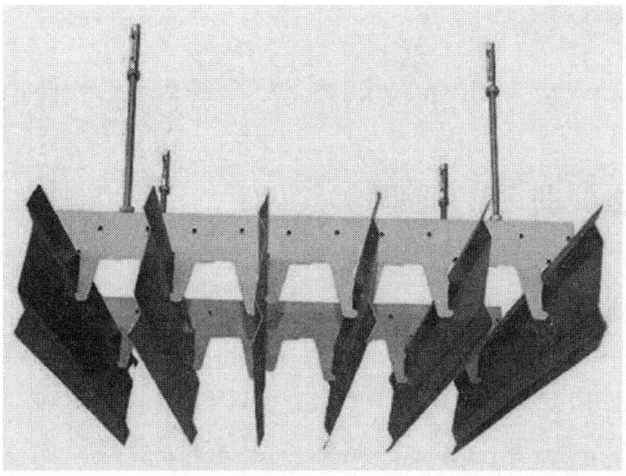

（d）挂片式格栅

（e）异形截面格栅

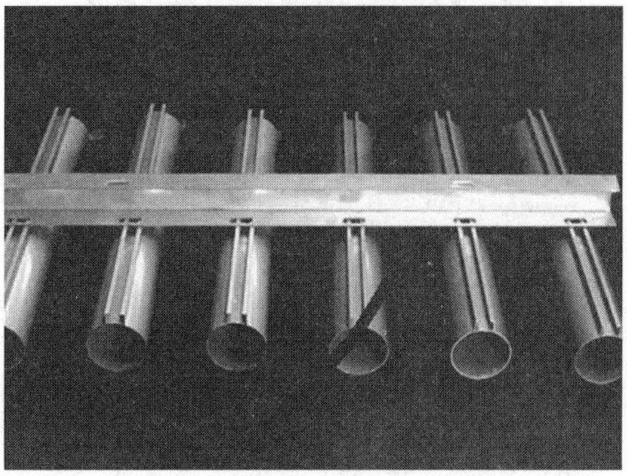

（f）圆形截面格栅

图 3.16　格栅吊顶示意图

2. 格栅吊顶工程量清单

在《房屋建筑与装饰工程工程量计算标准》（GB/T 50854—2024）中，格栅吊顶包含在“附录 N 天棚工程”的“N.2 天棚吊顶”中，是应用广泛的一种吊顶形式，其项目编码和项目名称为“011302004 格栅吊顶”。

3. 格栅吊顶工程量清单编制要点

格栅吊顶是装饰装修工程中常见的一种吊顶形式，在编制工程量清单时应注意以下要点：

（1）确定格栅吊顶的类型和材料。

（2）确定格栅吊顶的构造层次和施工工艺，项目特征内容与构造层次和施工工艺直接相关。构造层次在施工图中常以节点大样图呈现，施工工艺常体现在施工图的设计说明中。如果均未体现且无法落实具体做法，可按施工中的常规做法确定项目特征内容。

（3）按《房屋建筑与装饰工程工程量计算标准》（GB/T 50854—2024）计算规则计算

工程量。

（4）对于有争议的部分，条件允许时可以现场实测实量。

3.6.2 典型示例

【例 3.12】某办公室吊顶施工图如图 3.17～图 3.19 所示，列出顶棚装饰工程量清单。

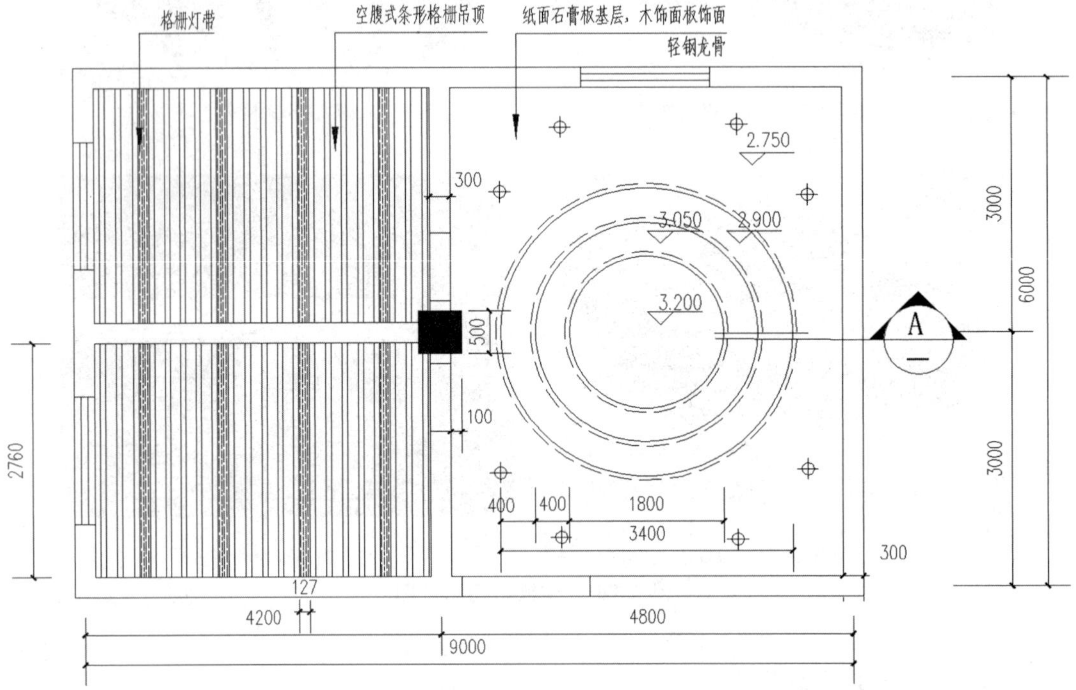

图 3.17 顶棚平面图

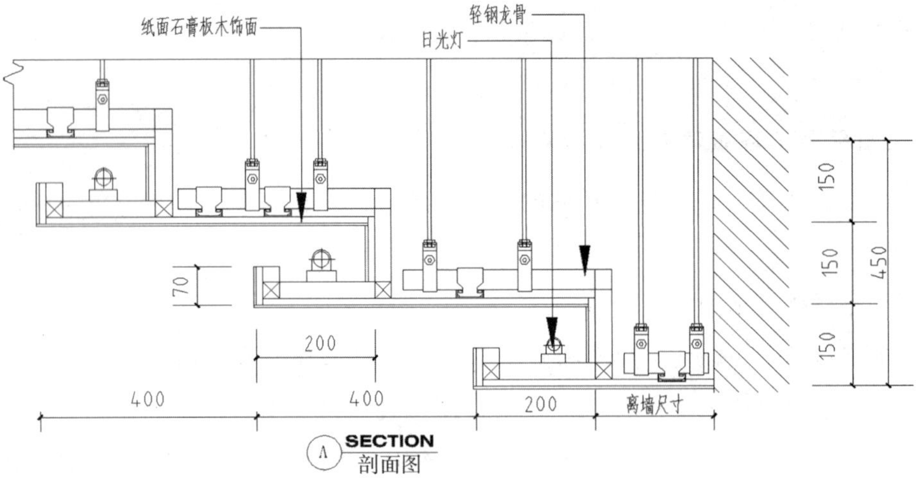

图 3.18 顶棚剖面图

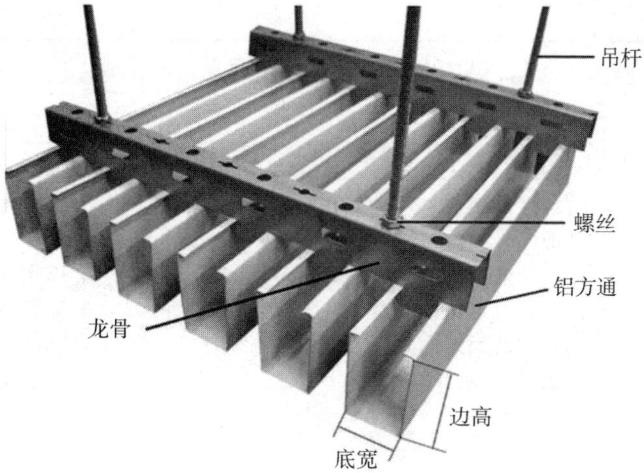

图 3.19　空腹式条形格栅示意图

解：（1）列清单项目表，如表 3.13 所示。

表 3.13　分部分项工程清单

项目编码	项目名称	项目特征	计量单位	工程量	说明
011302003001	艺术吊顶天棚	（1）吊顶型式、吊杆规格、高度：轻钢龙骨藻井天棚，直径 8 mm 吊杆，高度 2.75～3.2 m （2）龙骨材料种类、规格、中距：镀锌轻钢大龙骨 38 系列，镀锌轻钢中小龙骨，间距按需设置 （3）基层材料种类、规格：9.5 mm 厚纸面石膏板 （4）面层材料品种、规格：5 mm 厚木饰面板 （5）嵌缝材料种类：同色系密封胶嵌缝	m^2	25.65	根据《湖南省房屋建筑与装饰工程消耗量标准》（2020 年），跌级超过三级或高差在 400 mm 以上以及圆弧形、拱形等造型的天棚，按艺术造型天棚计算，艺术造型天棚项目中包括灯光槽的制作安装，不用单独列清单。为了方便后期计价，在列清单时要考虑当地的实际情况，即当地的计价定额情况。此处跌级高差超过 400 mm 且是圆弧形，属于艺术造型天棚范畴
011302004001	格栅吊顶	（1）龙骨材料种类、规格、中距：铝合金条板龙骨 $h=45$ mm，单层龙骨，中距视现场情况确定 （2）面层材料品种、规格：铝合金格栅天棚铝合金空腹，条形	m^2	21.04	格栅吊顶种类很多，平面有条形、方形、三角形等，截面有矩形、圆形、片状和其他形状，材料以铝合金居多

续表

项目编码	项目名称	项目特征	计量单位	工程量	说明
011303001001	灯带（槽）	(1) 灯带型式、尺寸：格栅灯带，0.127 m 宽 (2) 格栅片材料品种、规格：铝合金格栅灯片 (3) 安装固定方式：自攻螺丝固定	m	22.08	此处的灯带是格栅吊顶的灯带。艺术造型吊顶灯带在当地的计价定额中已包含在艺术造型吊顶中，所以不用再列灯带清单。国标清单中的计量单位是“m^2”，考虑到当地定额计价时是以“m”为单位，所以清单计量单位改为“m”更方便后期计价

(2) 计算清单工程量。

艺术吊顶天棚：$(4.8-0.3)\times(6-0.3)=25.65\ m^2$

格栅吊顶：$[(4.2-0.3)\times(3-0.3)-(0.1\times0.1)]\times2=21.04\ m^2$

灯带（槽）：$2.76\times8=22.08$ m

在该施工图纸中，有两种顶棚吊顶方式：一种是轻钢龙骨纸面石膏板吊顶，且设置有暗藏灯带；另一种是铝合金格栅吊顶。在编制工程量清单时，分别列为吊顶天棚和格栅吊顶清单项目，而暗藏灯带在此最好不要单独列清单项目，根据《湖南省房屋建筑与装饰工程消耗量标准》(2020 年) 规定，高差在 400 mm 以上或超过三级以及圆弧形造型天棚，按艺术造型天棚相应项目套定额。在艺术造型天棚定额项目中包括灯槽的制作安装，该图的吊顶形式属于这一类，因此，在列清单项目时，最好不要将灯槽项目单独列出，而是作为项目特征在相应的清单项目中进行描述。

计算吊顶天棚工程量时，用房间的净长乘以净宽，不用扣除柱垛所占面积。计算格栅吊顶工程量时，根据工程量计算规则，按设计图纸尺寸以水平投影面积计算，因此应扣除房间柱垛的面积“0.1×0.1”。

【例 3.13】 纸面石膏板吊顶和铝格栅采用装配式 U 型轻钢龙骨，铝合金挂片龙骨由厂家配套提供。如图 3.20 和图 3.21 所示，列出顶棚装饰工程量清单。

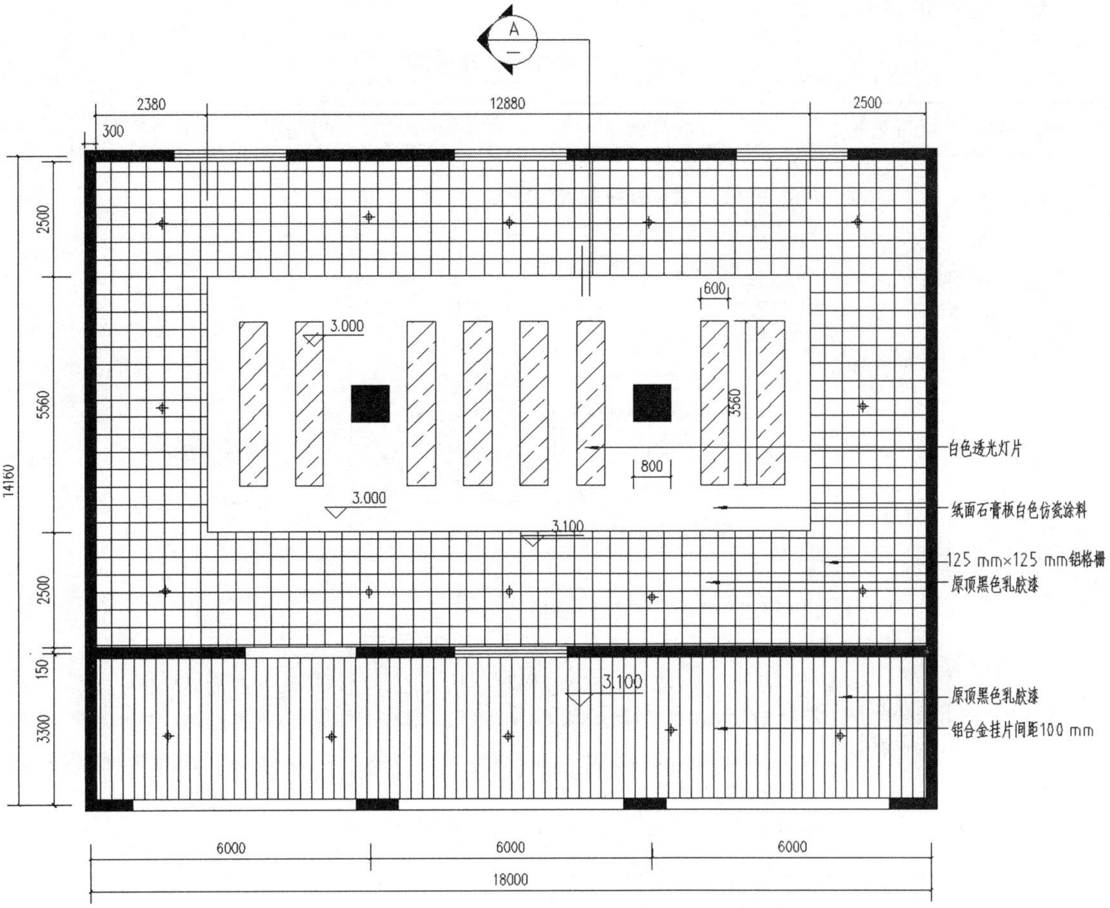

图 3.20　顶棚平面图

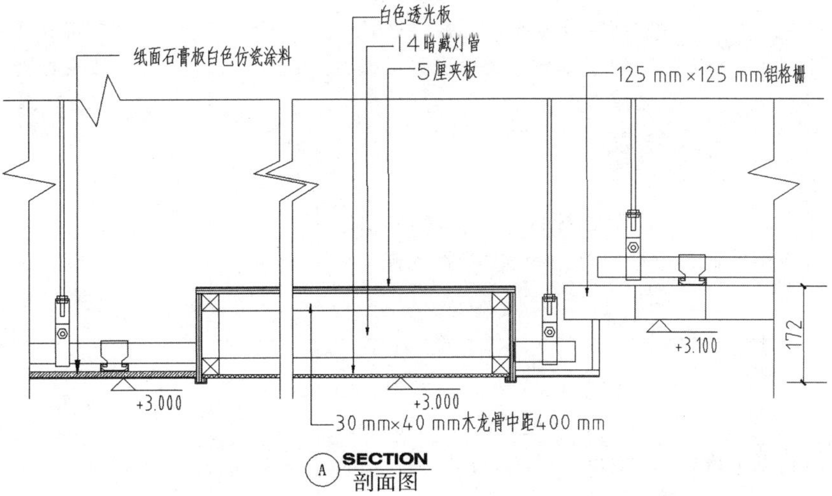

图 3.21　顶棚剖面图

解：（1）列清单项目表，如表 3.14 所示。

表 3.14　分部分项工程清单

项目编码	项目名称	项目特征	计量单位	工程量	说明
011302001001	吊顶天棚	（1）吊顶形式、吊杆规格、高度：直径 8 mm 吊筋吊至设计标高 （2）龙骨材料种类、规格、中距：装配式 U 型轻钢龙骨，不上人型，面层规格 600 mm×600 mm 以上 （3）基层材料种类、规格：9.5 mm 厚纸面石膏板 （4）嵌缝材料种类：板缝内嵌缝膏，外贴绷带（牛皮纸或网格带）	m^2	53.24	纸面石膏板吊顶是整个顶棚工程的一部分，在列清单时单独列项
011404002001	天棚喷刷涂料	（1）基层类型：9.5 mm 厚纸面石膏板 （2）喷刷涂料部位：天棚吊顶 （3）腻子种类：成品抗裂腻子 （4）刮腻子要求：2 遍 （5）涂料品种、喷刷遍数：刮仿瓷涂料 2 遍	m^2	56.93	区分“011403001 抹灰面油漆”和“011404002 天棚喷刷涂料”，其主要区别在于面层是油漆还是涂料
011403001001	原顶乳胶漆	（1）基层类型：原钢筋混凝土结构楼板底面 （2）腻子种类：成品抗裂腻子 （3）刮腻子遍数：2 遍 （4）油漆品种、刷漆遍数：黑色乳胶漆 2 遍 （5）部位：原顶	m^2	168.4	在安装格栅吊顶之前，原顶刷黑色乳胶漆。在实际工程中，由于被格栅遮盖，容易漏掉此项
011302004001	格栅吊顶	（1）面层材料品种、规格：125 mm×125 mm 铝合金格栅，含配件	m^2	115.3	矩形格栅吊顶一般是直接吊挂在天棚顶，不需要龙骨
011302004002	挂片式格栅吊顶	（1）龙骨材料种类、规格、中距：铝合金条板龙骨，h=35 mm （2）面层材料品种、规格：铝合金条形挂片，间距 100 mm	m^2	53.1	

续表

项目编码	项目名称	项目特征	计量单位	工程量	说明
011505004001	灯箱	(1) 箱体规格：3560 mm×600 mm×172 mm (2) 基层材料种类：30 mm×40 mm 木龙骨，中距 400 mm，5 厘板基层 (3) 面层材料种类：白色有机玻璃透光灯片	m^2	45.62	在国标清单中，灯箱的工程量是按“个”计算，在《湖南省房屋建筑与装饰工程消耗量标准》(2020 年)中灯箱按“m^2”计算，为了方便计价，此处按“m^2”计算

(2) 计算清单工程量。

吊顶天棚：5.56×12.88－3.56×0.6×8－0.8×0.8×2＝53.24 m^2

单个柱面积＞0.3 m^2 应扣除

天棚喷刷涂料（吊顶天棚面积＋吊顶侧面面积）：53.24＋0.1×(12.88＋5.56)×2＝56.93 m^2

原顶乳胶漆（格栅吊顶的面积之和）：115.3＋53.1＝168.4 m^2

格栅吊顶：(18－0.3)×(14.16－3.3－0.3)－5.56×12.88＝115.3 m^2

挂片式格栅吊顶：(18－0.3)×(3.3－0.3)＝53.1 m^2

灯箱：[(0.6＋3.56)×2×0.172＋0.6×3.56×2]×8＝45.62 m^2

特别提示：

1. 吊顶天棚工程量扣除独立柱的面积、扣除灯箱的面积。

2. 吊顶天棚的工程量按水平投影面积计算，未包括吊顶侧面面积，在计算天棚喷刷涂料工程量时按设计图示尺寸以面积计算，所以应在吊顶天棚工程量基础上增加吊顶侧面面积。

3. 计算格栅吊顶时，应扣除纸面石膏板吊顶的部分，即计算式中的“5.56×12.88”。

4. 灯箱按展开面积计算，即为灯箱六个面的面积。先计算灯箱的侧面面积，计算式中“(0.6＋3.56)×2”是灯箱的周长，“0.172”是灯箱的高度，得出灯箱四个侧面的面积；“0.6×3.56×2”是灯箱两个底面的面积。

该图纸中顶棚吊顶的做法有三种：一是轻钢龙骨纸面石膏板吊顶，列为吊顶天棚清单项目；二是轻钢龙骨铝格栅吊顶，列为格栅吊顶；三是铝合金挂片吊顶，列为格栅吊顶。格栅吊顶清单项目共列了两次，通过项目编码、名称以及特征进行区分。需要特别注意的是，在纸面石膏板吊顶中还有灯槽，灯槽单独列清单项目。

在计算轻钢龙骨纸面石膏板天棚吊顶工程量时，应扣除单个＞0.3 m^2 的独立柱所占的面积，由于灯槽已单列清单项目，在计算天棚面积时，应扣除灯槽的面积。在计算格栅吊顶时，应减去纸面石膏板天棚所占的面积。在计算灯槽面积时，实际上是计算灯槽框外围面积，也就是一个长方体六个面的表面积。

3.7 门窗相关工程

3.7.1 门窗相关工程量清单编制

1. 门窗相关工程的概念

门窗相关工程是指除了门窗之外，与门窗有关的装饰项目，如门窗套、窗台板、窗帘盒、窗帘、窗帘杆、锁具等五金配件。

2. 门窗相关工程量清单

在《房屋建筑与装饰工程工程量计算标准》（GB/T 50854—2024）中，门窗相关工程主要包含在“附录 H 门窗工程”中，即“H.8 门窗套”“H.9 窗台板”“H.10 窗帘、窗帘盒、轨”。

3. 门窗相关工程量清单编制要点

门窗相关工程是门窗工程的重要组成部分，在编制工程量清单时应注意以下要点：

（1）确定门窗套的种类，主要包括门窗套材料、包套方式（全包套、半包套）、安装制作方式（成品、现场制作）等。

（2）确定窗台板的种类，明确窗台板材料、宽度、是否有下挂、是否带耳朵等。

（3）确定窗帘的成活系数，明确窗帘的长度。

（4）确定窗帘盒的材料及安装制作方式（成品、现场制作，明装、暗装）、成品窗帘盒是否带窗帘轨。

（5）确定窗帘轨道类型。窗帘轨道主要分为明轨和暗轨两大类型。明轨主要有木制杆（罗马帘）、铝合金杆、钢管杆、铁艺杆、塑钢杆。暗轨主要有铝合金轨道、纳米轨道、静音轨道。此外，还有一些特殊的轨道类型，如弯曲轨道、超薄轨道、电动蛇形轨等。

3.7.2　典型示例

【例 3.14】某建筑共 18 层，每层有 2 部电梯，电梯入口包门套，如图 3.22 和图 3.23 所示，列出门套工程量清单。

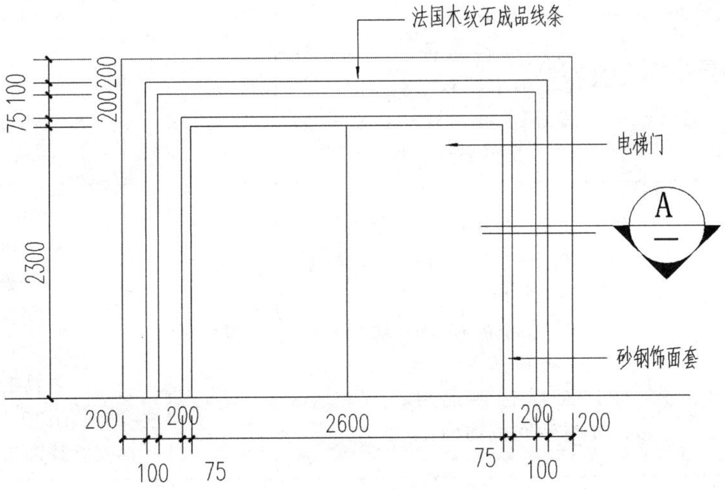

图 3.22　电梯口立面图

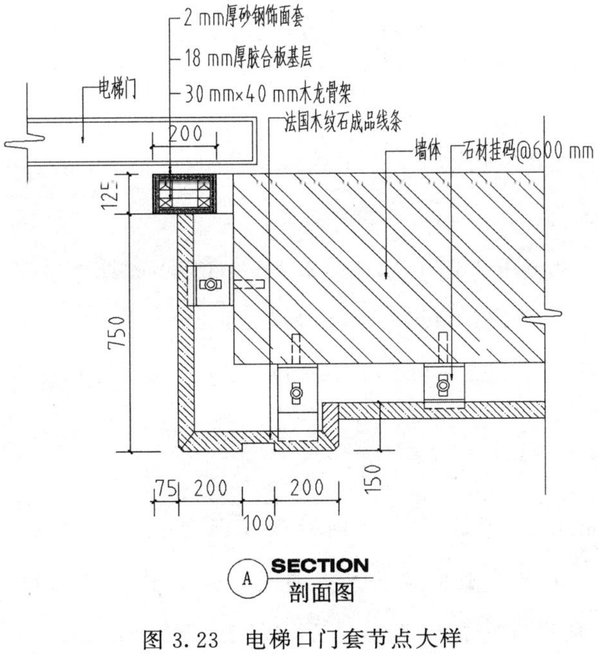

图 3.23　电梯口门套节点大样

解：(1) 列清单项目表，如表3.15所示。

表3.15　分部分项工程清单

项目编码	项目名称	项目特征	计量单位	工程量	工程量计算规则
010808003001	石材门套（原石材门窗套）	(1) 窗代号及洞口尺寸：电梯石材门套，2600 mm×2300 mm (2) 门窗套展开宽度：750 mm+500 mm+150 mm (3) 面层材料品种、规格：25 mm厚法国木纹石 (4) 线条品种、规格：石材磨45°边线、倒角线	m^2	407.16	国标清单中"010808003石材门窗套"的计量单位是"m^2"。也可以根据实际情况以市场上常见的"樘"或"m"为计量单位
011205001001	砂钢饰面	(1) 龙骨材料种类、规格、中距：30 mm×40 mm木龙骨，中距300 mm (2) 基层材料种类、规格：18 mm厚夹板基层 (3) 面层材料品种、规格：3 mm厚砂钢板饰面	m^2	165.24	3 mm厚的砂钢饰面板看上去是金属线条，将包裹面展开后，截面宽度为0.2+0.125+0.125=0.45 mm宽，更具有"面"的特征，选用"011205001墙、柱面装饰板"更合适

(2) 计算清单工程量。

石材门套：

0.5 m宽面积＝[2.6＋0.075×2＋0.25×2＋(2.3＋0.075＋0.25)×2]×0.5＝4.25 m^2

0.15 m宽面积＝[2.6＋0.075×2＋0.5×2＋(2.3＋0.075＋0.5)×2]×0.15＝1.43 m^2

0.75 m宽面积＝[2.6＋0.075×2＋(2.3＋0.075)×2]×0.75＝5.63 m^2

合计：(4.25＋1.43＋5.63)×18×2＝407.16 m^2

砂钢饰面：[2.6＋0.75×2＋(2.3＋0.75)×2]×(0.2＋0.125＋0.125)×18×2＝165.24 m^2

特别提示：

1. 石材门套以"m^2"计量，按设计图示洞口尺寸以展开面积计算。将门套分别按0.5 m、0.15 m、0.75 m三个截面宽度×各自的长度，计算展开面积，各自的长度均指中心线长度。0.75 m宽的石材在门套最里面，其长度最小；0.15 m宽的石材在最外围，其长度在0.75 m石材的基础上洞口两侧每侧增加0.5 m长，洞口上方石材左右两端各增加 0.5 m；0.5 m 宽石材在中间位置，其增加的长度在 0.75 m 与 0.15 m 宽石材之间，即洞口两侧石材每侧增加 0.25 m 长，洞口上方石材左右两端各增加 0.25 m。

2. 如果石材门套以“m”计量，按设计图示中心以延长米计算，则计量单位为“m”，工程量＝［2.6＋0.075×2＋0.25×2＋（2.3＋0.075＋0.25）×2］×18×2＝306 m。

3. 如果石材门套以“樘”计量，按设计图示数量计算，则计量单位为“樘”，工程量＝18×2＝36 樘。由此可见，不同计量单位，其工程量不一样，计算复杂程度也不一样。具体以什么单位作为计量单位，应根据施工现场情况或者当地计价定额来确定。

4. 砂钢饰面的面积计算式中“［2.6＋0.75×2＋（2.3＋0.75）×2］”是砂钢饰面的中心线长度，“（0.2＋0.125＋0.125）”是截面展开宽度，“18”是楼层，“2”是每层个数。为了简化计算，此处砂钢饰面的中心线长度取用 0.75 m 宽石材的长度。

【例 3.15】已知房间净高 2.8 m，根据平面图（图 2.22）和节点详图（图 3.24～图 3.29）列工程量清单。

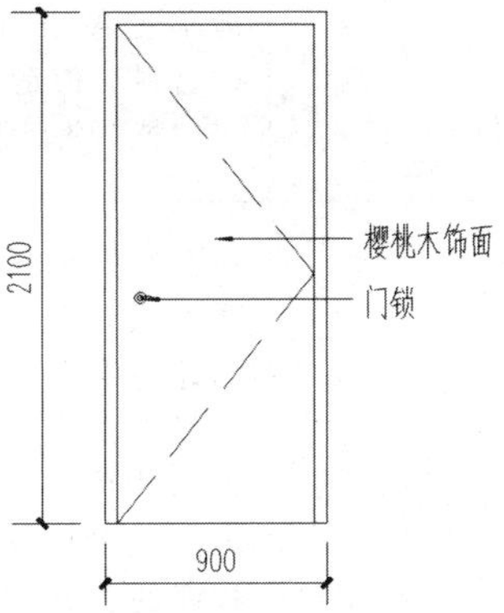

图 3.24　门立面图

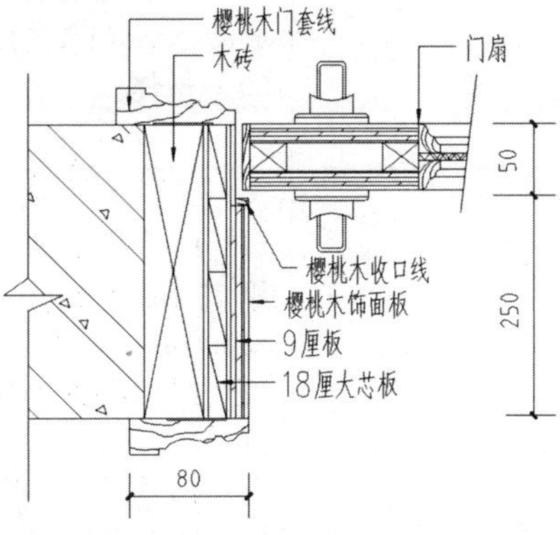

图 3.25　门套节点图

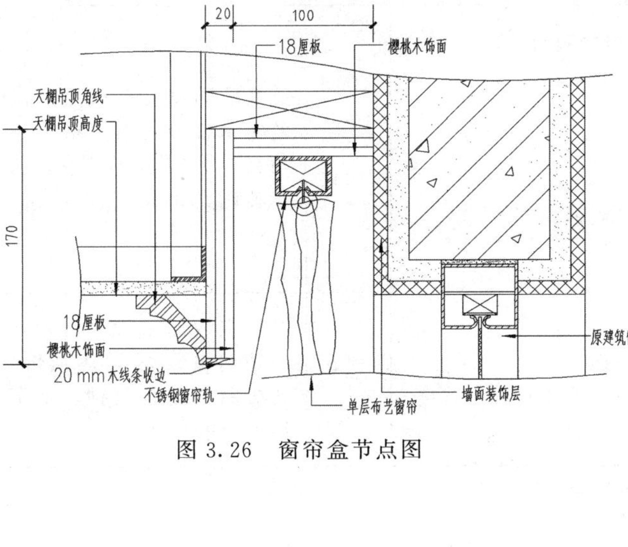

图 3.26　窗帘盒节点图

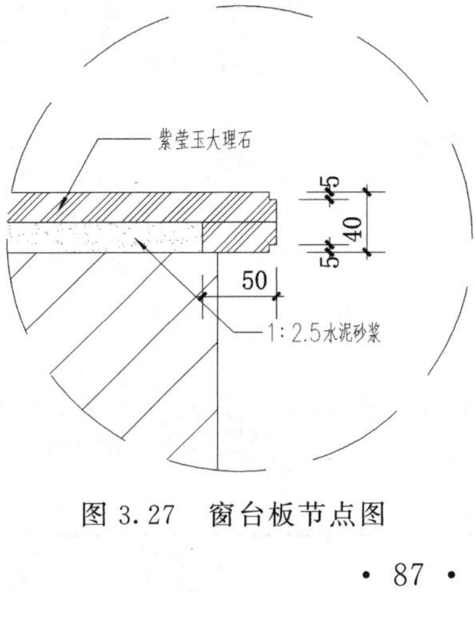

图 3.27　窗台板节点图

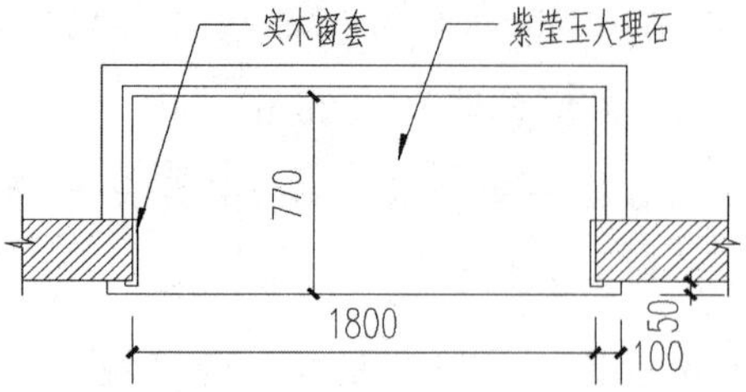

图 3.28　飘窗平面图

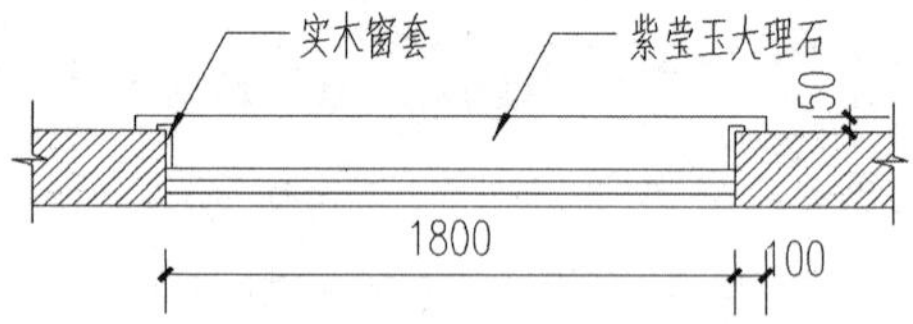

图 3.29　窗台平面图

解：(1) 列清单项目表，如表 3.16 所示。

表 3.16　分部分项工程清单

项目编码	项目名称	项目特征	计量单位	工程量	涉及知识点
010801002001	木质门带套	(1) 门代号及洞口尺寸：成品室内门，900 mm × 2100 mm (2) 镶嵌玻璃品种、厚度：成品木质门带门套，门扇 50 mm 厚	樘	3	随着装配化装修的发展，门窗成品定制安装逐步替代了现场制作安装。“010801002 木质门带套”清单包含了门套。三樘门的材料、构造、规格一样，以“樘”为计量单位
010808001001	成品木窗套	(1) 门窗代号及洞口尺寸：原建筑窗，1800 mm × 1500 mm (2) 门窗套展开宽度：140 mm+50 mm (3) 门窗套材料品种、规格：实木窗套	樘	3	窗套在平面图和立面图中均不太显眼，是非常容易漏掉的项目，要引起注意。一般根据平面图窗户标识来列清单。此处的窗套是成品定制的实木窗套，三樘窗的材料、构造、规格一样，以“樘”为计量单位
010808001002	成品木飘窗套	(1) 门窗代号及洞口尺寸：原建筑飘窗，1800 mm × 1500 mm (2) 门窗套展开宽度：260 mm+50 mm (3) 门窗套材料品种、规格：实木窗套	樘	1	此处的飘窗套是成品定制的实木窗套，因规格大小与另三个窗套不一致，应单独列清单
01B001	门锁安装	(1) 锁品种：执手锁 (2) 锁规格：室内门 B 级锁	套	3	对于室内门来说，是否列门锁清单要看具体情况，若成品门包含门锁，则不用列清单

续表

项目编码	项目名称	项目特征	计量单位	工程量	涉及知识点
010809001001	飘窗石材窗台板	(1) 黏结层厚度、砂浆配合比：20 mm 厚水泥砂浆，1∶2.5 (2) 窗台板材质、规格、颜色：770 mm 宽 20 mm 厚紫莹玉大理石 (3) 石材开槽：5 mm 宽	m^2	1.50	飘窗上的石材窗台板与其他窗户上的窗台板规格不同，应单独列清单
010809001002	石材窗台板	(1) 黏结层厚度、砂浆配合比：20 mm 厚水泥砂浆，1：2.5 (2) 窗台板材质、规格、颜色：170 mm 宽 20 mm 厚紫莹玉大理石 (3) 石材开槽：5 mm 宽	m^2	1.25	窗台板在平面图和立面图中均不太显眼，是非常容易漏掉的项目，为避免漏项，一般根据平面图窗户标识来列清单
010810002001	饰面夹板窗帘盒	(1) 窗帘盒材质、规格：18 mm 厚大芯板基层，樱桃木饰面板饰面	m	13.2	窗帘盒一般根据平面图和顶棚图列清单，根据节点详图描述项目特征
011501004001	衣柜	(1) 台柜规格：成品定制 600 mm 厚 2800 mm 高到顶衣柜 (2) 材料种类、规格：柜体柜门免漆多层实木板 (3) 五金种类、规格：拉手、合页、抽屉轨道、挂衣杆、柜门拉直器均为不锈钢，按需设置	m	12.96	衣柜的计量单位有三个“个”“m^3”“m”。当所有的柜子规格大小、材料构造一样时，以“个”为计量单位；当柜子的数量很多、柜体深度都不一样、材料构造差不多时，以“m^3”为计量单位更为合适；当柜子柜体深度、高度、材料构造一致时，以“m”为计量单位最佳
011503001001	金属扶手、栏板	(1) 扶手材料种类、规格：直径 50 mm 不锈钢管 (2) 栏板材料种类、规格：12 mm 厚钢化玻璃栏板 (3) 固定配件种类：膨胀螺栓	m	7.2	“011503001 金属扶手、栏杆、栏板”属于其他装饰工程。要区分栏杆和栏板的不同，栏杆是线状的，栏板是面状的。常见的是金属栏杆、玻璃栏板

续表

项目编码	项目名称	项目特征	计量单位	工程量	涉及知识点
010810001001	窗帘	（1）窗帘材质：单层布艺窗帘 （2）窗帘高度、宽度：高 2.8 m，宽 3.6 m、3 m （3）窗帘层数：单层 （4）带幔要求：不带幔	m	26.4	窗帘和窗帘轨在装饰装修工程中属于软装的范畴，是否列清单要看具体情况，如果合同中规定由施工单位负责，则应列清单
010810003001	窗帘轨	（1）窗帘轨材质、规格：直径 30 mm 不锈钢 （2）轨的数量：单轨	m	13.2	

（2）计算清单工程量。

木质门带套：3 樘

成品木窗套：3 樘

成品木飘窗套：1 樘

门锁安装：3 套

飘窗石材窗台板：0.77×1.8＋0.05×0.1×2＋0.05×（1.8＋0.1×2）＝1.50 m^2

石材窗台板：[0.17×1.8＋0.05×0.1×2＋0.05×（1.8＋0.1×2）]×3＝1.25 m^2

饰面夹板窗帘盒：(4.2－0.12×2－0.18×2)×2＋(3.6－0.12×2－0.18×2)×2＝13.2 m

衣柜：3.78×2＋5.4＝12.96 m

金属扶手、栏板：3.6＋3.6＋0.3－0.3＝7.2 m

窗帘：[(4.2－0.12×2－0.18×2)×2＋(3.6－0.12×2－0.18×2)×2]×2＝26.4 m

窗帘轨：(4.2－0.12×2－0.18×2)×2＋(3.6－0.12×2－0.18×2)×2＝13.2 m

特别提示：

1. 石材窗台板的工程量按设计图示尺寸以展开面积计算，除了计算中间的石材面积，还应计算两边挂耳的面积“0.05×0.1×2”，以及飘窗下挂的面积“0.05×（1.8＋0.1×2）”。

2. 窗帘盒、窗帘轨的工程量按设计图示尺寸以长度计算。

3. 窗帘的工程量以米计量，按设计图示尺寸以成活后长度计算；或以平方米计量，按图示尺寸以成活后展开面积计算。在实际工程中，窗帘的长度＝窗帘位置的测量长度×褶皱系数 2，故一般窗帘的长度是窗帘盒、窗帘轨长度的两倍。

第 4 章　综合型装饰工程量清单编制

4.1　其他材料面层楼地面

4.1.1　其他材料面层楼地面清单编制

1. 其他材料面层楼地面工程量清单

在《房屋建筑与装饰工程工程量计算标准》（GB/T 50854—2024）中，其他材料面层楼地面工程包含在“附录 L 楼地面装饰工程”中，主要指橡塑楼地面、地毯楼地面、竹木地板、金属复合地板等。

2. 其他材料面层楼地面工程量清单编制要点

其他材料面层楼地面是楼地面装修的重要组成部分，在编制工程量清单时应注意以下要点：

（1）判断是楼面工程还是地面工程，对于大型的装饰装修工程项目，二者均存在。

（2）判断楼地面工程是否有防水要求，对于有防水要求的需要考虑防水工程。

（3）确定楼地面工程的构造层次和施工工艺，项目特征内容与构造层次和施工工艺直接相关。构造层次在施工图中常以楼地面节点大样图呈现，施工工艺常体现在施工图的设计说明中。如果均未体现且无法落实具体做法，可按施工中的常规做法确定项目特征内容。

（4）按《房屋建筑与装饰工程工程量计算标准》（GB/T 50854—2024）中的计算规则

计算工程量。

(5) 对于有争议的部分，条件允许时可以现场实测实量。

(6)《房屋建筑与装饰工程工程量计算标准》(GB/T 50854—2024) 中存在多个计量单位的情况，只能选择一个计量单位，不可同时存在多个计量单位，根据现场实际情况以方便计量和计价为原则确定计量单位。

4.1.2　典型示例

【例 4.1】 某建筑装饰施工图如图 4.1 所示，根据图纸列出楼地面工程量清单。

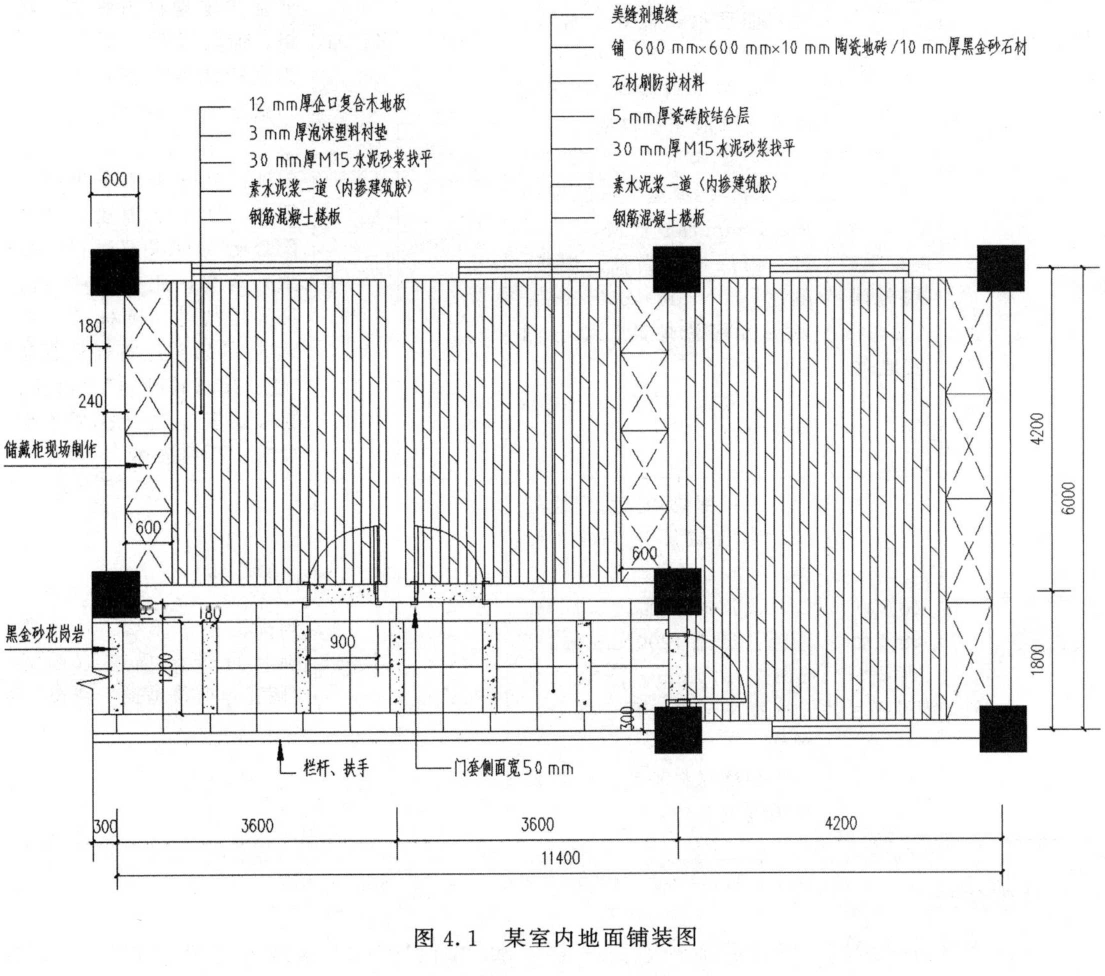

图 4.1　某室内地面铺装图

解：(1) 列清单项目表，如表4.1所示。

表4.1 分部分项工程清单

项目编码	项目名称	项目特征	计量单位	工程量	说明
011101006001	平面砂浆找平层	(1) 找平层厚度、砂浆配合比：30 mm厚M15水泥砂浆 (2) 结合层：素水泥浆一道(内掺建筑胶)	m^2	61.90	国标清单中没有"结合层"项目特征，根据施工图要求增加"结合层"项目特征
011104002001	复合木地板(原竹、木复合地板)	(1) 基层材料种类、规格：已完成的水泥砂浆找平 (2) 面层材料品种、规格：12 mm厚企口复合木地板 (3) 防护材料种类：2 mm厚聚乙烯泡沫塑料垫	m^2	41.04	国标清单中第1条项目特征是"龙骨材料种类、规格、铺设间距"，施工图中为直接铺设在基层上，不用描述该项目特征
011102003001	陶瓷地砖楼地面(原块料楼地面)	(1) 结合层厚度、砂浆配合比：5 mm厚瓷砖胶 (2) 面层材料品种、规格、颜色：600 mm×600 mm×10 mm陶瓷地砖，颜色同设计图纸 (3) 嵌缝材料种类：环氧彩砂美缝剂	m^2	10.91	国标清单中第1条项目特征是"找平层厚度、砂浆配合比"，因找平层已经单独列清单，此处该项目特征不用描述；国标清单中第5、6条项目特征分别是"防护层材料种类""酸洗、打蜡要求"，施工图中不作要求，不用描述
011108001001	黑金砂楼地面(原石材零星项目)	(1) 工程部位：走道、门槛处 (2) 结合层厚度、材料种类：5 mm厚瓷砖胶 (3) 面层材料品种、规格、颜色：走道1200 mm×180 mm×10 mm、门槛240 mm宽黑金砂，颜色同设计图纸 (4) 勾缝材料种类：环氧彩砂美缝剂	m^2	1.94	国标清单中第2、6、7条项目特征未描述原因同"陶瓷地砖楼地面"清单

特别提示：

要注意区分"011101006平面砂浆找平层"和"011101001水泥砂浆楼地面"这两项清单。"011101001水泥砂浆楼地面"指楼地面的面层是水泥砂浆，上面不会再做其他面层；"011101006平面砂浆找平层"指仅做找平层的平面抹灰，上面还会做其他面层。此处是用来找平，不是面层，所以选用"011101006平面砂浆找平层"清单。

(2) 计算清单工程量。

平面砂浆找平层：[(3.6－0.24)×(4.2－0.24)－0.18×0.18×2]×2＝26.48 m^2（两个大小一样的房间）

(6－0.24)×(4.2－0.24)－0.18×0.18×4－0.6×0.18＝22.57 m^2（大房间）

(3.6＋3.6＋0.3－0.12)×(1.8－0.12)－0.18×0.18－0.6×0.18－0.3×0.18＝12.20 m^2（走道）

0.24×0.9×3＝0.65 m^2（门洞）

合计：26.48＋22.57＋12.20＋0.65＝61.90 m^2

复合木地板：(3.6－0.24－0.6)×(4.2－0.24)×2＋[(6－0.24)×(4.2－0.24－0.6)－0.6×0.18－2×0.18×0.18]＝41.04 m^2

陶瓷地砖楼地面：(3.6＋3.6＋0.3－0.12)×(1.8－0.12)－0.18×0.18－0.6×0.18－0.3×0.18－1.2×0.18×6＝10.91 m^2

黑金砂楼地面：1.2×0.18×6＋0.24×0.9×3＝1.94 m^2

特别提示：

1. 若按设计图示尺寸计算，则根据图纸中实际铺贴尺寸计算，应扣除柱角等没有铺贴的面积。比如，平面砂浆找平工程量计算规则为按设计图示尺寸以面积计算，因此扣除所有角柱、边柱所占面积，房间内角柱面积为“0.18×0.18”，大房间边柱面积为“0.6×0.18”，走道三根柱子的尺寸不一样，分别为“0.6×0.18”“0.18×0.18”“0.3×0.18”。

2. 现场制作的储物柜，一般在地面找平之后铺木地板之前就完成了，计算木地板时应扣除储物柜面积，大房间还需扣除两个角柱面积“2×0.18×0.18”，一个边柱面积“0.6×0.18”。

3. 陶瓷地面砖楼地面工程量分别扣除三个不同尺寸的柱子面积“0.6×0.18”“0.18×0.18”“0.3×0.18”，同时扣除黑金砂石材面积“1.2×0.18×6”。

通过分析图纸，可列三项清单项目。三个房间的地面做法都是铺贴复合木地板，属于其他材料面层类中的竹、木（复合）地板清单项目；过道的地面做法是陶瓷地面砖嵌黑金砂石材，其中，陶瓷地面砖属于块料面层类中的块料楼地面清单项目；门窗洞口处嵌有黑金砂石材，与过道处所嵌的黑金砂属同一类材料，施工做法一致，且单块面积小于 0.5 m^2，因此将它们共同列为零星装饰项目中的石材零星项目。需要特别注意的是，三个房间及过道的地面进行面层装修之前，均做了水泥砂浆找平。

三个房间均有现场制作的储物柜，通过分析施工顺序，现场制作储物柜一般在地面找平层做完之后、复合木地板铺贴之前就会完成，也就是一般现场制作的储物柜是在找平层结束后才会做，所以在储物柜的下面是没有木地板的。根据清单工程量计算规则的按设计图示尺寸以面积计算，即根据图纸中木地板的实贴尺寸计算，在计算木地板清单工程量时应扣除储物柜面积，且不论柱角所占面积的大小均应扣除柱角所占面积。

【例 4.2】根据图 2.22 衣柜平面布置图，已知门套已包好，门套宽 50 mm，储物柜位置不变，房间内采用双层实木地板铺至门洞外边线，不做门槛石，过道地毯满铺，房间和过道踢脚线全部为 80 mm 宽成品实木踢脚线。地面铺装构造如图 4.2 和图 4.3 所示，列出楼地面工程量清单。

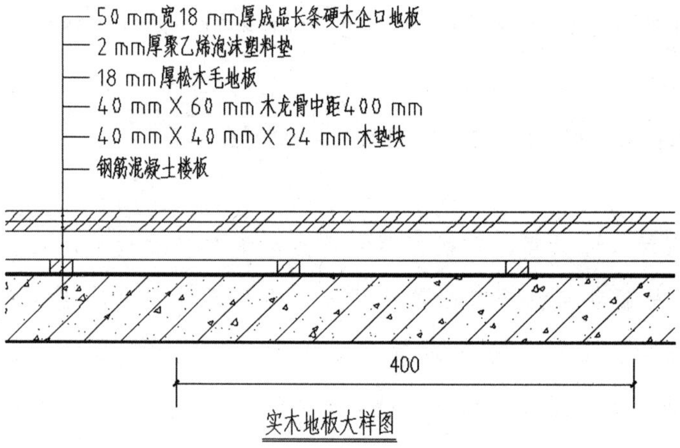

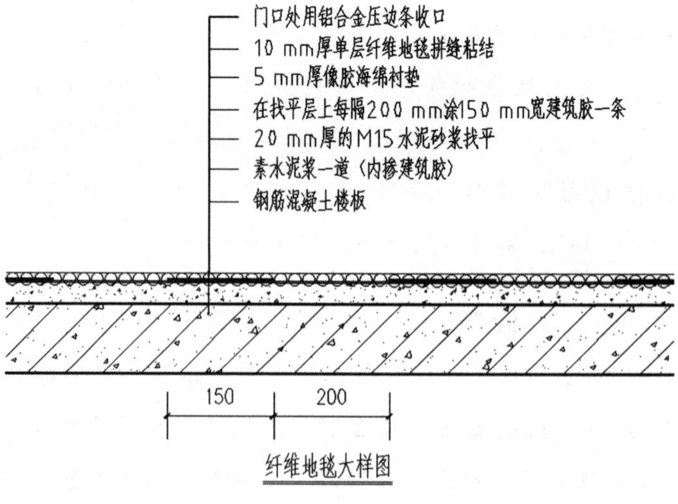

图 4.2　地面铺装大样图

(a) 实木地板铺贴施工现场图

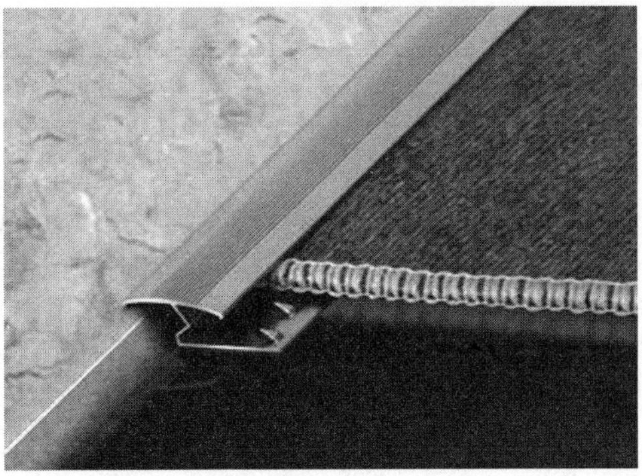

(b) 地毯铺装铝合金压边条收口示意图

图 4.3　地面铺装示意图

解：(1) 列清单项目表，如表 4.2 所示。

表 4.2　分部分项工程清单

项目编码	项目名称	项目特征	计量单位	工程量	说明
011104002001	实木地板(原竹、木复合地板)	(1) 龙骨材料种类、规格、铺设间距：40 mm×60 mm，间距 400 mm (2) 基层材料种类、规格：18 mm 厚松木毛地板 (3) 面层材料品种、规格：50 mm 宽 18 mm 厚成品长条硬木企口木地板 (4) 防护材料种类：2 mm 厚聚乙烯泡沫塑料垫	m^2	41.69	从节点大样图可知，实木地板铺设时，下方设置了木龙骨，木地板共有两层，即基层和面层
011104001001	地毯楼地面	(1) 面层材料品种、规格：10 mm 厚单层纤维地毯 (2) 防护材料种类：5 mm 厚橡胶海绵衬垫 (3) 黏结材料种类：地毯双面胶带 (4) 压线条种类：带倒刺的 Z 型铝合金压边条	m^2	12.20	固定地毯常规的粘贴材料是地毯双面胶带。带倒刺的 Z 型铝合金压边条是地毯安装的配套材料，不用单独列清单
011101006001	平面砂浆找平层	(1) 找平层厚度、砂浆配合比：20 mm 厚 M15 水泥砂浆 (2) 结合层：素水泥浆一道（内掺建筑胶）	m^2	12.20	在铺地毯之前先对地面找平

续表

项目编码	项目名称	项目特征	计量单位	工程量	说明
011105005001	木质踢脚线	（1）踢脚线高度：80 mm （2）基层材料种类、规格：已找平的水泥砂浆墙面 （3）面层材料品种、规格：成品实木踢脚线	m	35.22	踢脚线的计量单位有“m^2”“m”，此处踢脚线只有80 mm高，线性特征更明显，所以选择以“m”为计量单位更合理

（2）计算清单工程量。

实木地板：(3.6－0.24－0.6)×(4.2－0.24)×2＋[(6－0.24)×(4.2－0.24－0.6)－0.6×0.18－2×0.18×0.18]＋0.9×0.24×3＝41.69 m^2

地毯楼地面：(3.6＋3.6＋0.3－0.12)×(1.8－0.12)－0.18×0.18－0.6×0.18－0.3×0.18＝12.20 m^2

平面砂浆找平层：(3.6＋3.6＋0.3－0.12)×(1.8－0.12)－0.18×0.18－0.6×0.18－0.3×0.18＝12.20 m^2

木质踢脚线：[(3.6－0.24－0.6)×2－0.9－0.05×2＋4.2－0.24]×2＋(4.2－0.6－0.24)×2＋6－0.24－0.9－0.05×2＋0.18×2＝28.8 m（房间）

3.6＋3.6＋0.3－0.12＋0.18＋1.8－0.12＋0.18－0.9×3－0.05×6＝6.42 m（过道）

合计：28.8＋6.42＝35.22 m

特别提示：

1. 011104002 竹、木复合地板工程量计算规则为按设计图示尺寸以面积计算，因此扣除所有角柱、边柱所占面积。储藏柜是做在找平层上的，下面没有铺木地板，因此扣除储藏柜的尺寸。两个小房间的角柱在扣除储藏柜尺寸时已扣除。大房间两个角柱面积为“2×0.18×0.18”，边柱面积为“0.6×0.18”。房间内的双层实木地板铺至门洞外边线，三个门洞处实木地板的面积也要计算，即“0.9×0.24×3”。

2. 011104001 地毯楼地面和 011101006 平面砂浆找平层工程量计算规则为按设计图示尺寸以面积计算，分别扣除三个不同尺寸的柱子面积“0.6×0.18”“0.18×0.18”“0.3×0.18”。

3. 011105005 木质踢脚线工程量计算规则为按延长米计算，长度与门在墙间的位置以及是否包门套有关。若包了门套，踢脚线只算至门套边。此处包了门套，踢脚线只算至门套边，在扣减门洞的宽度“0.9”后，再扣减两个门套线的宽度“0.05×2”。在计算大房间的踢脚线时，“0.18×2”是大房间边柱的两个侧面。栏杆、扶手下面没有踢脚线，过道踢脚线计算式中没有计算，仅计算了两面墙踢脚线的长度，计算式中的“0.12”是墙体的厚度，“0.18”是柱边长度（只需补充两个柱边长度），扣减三个门洞长“0.9×3”，六个门套线宽“0.05×6”。

一般情况下，木龙骨架空双层实木地板适用于体育馆、健身房，这种木地板的弹性较普通木地板好，有利于缓冲运动时地面对脚部关节的冲击力，减少运动者的损伤。双层实木地板属于其他材料面层中的竹、木（复合）木板清单项目，可以通过对项目特征进行完整的描述以区分其他类型的木地板。地毯铺贴属于其他材料面层中的地毯楼地面清单项目。塑料踢脚线属于踢脚线中的塑料板踢脚线清单项目。

【例 4.3】某建筑装饰施工图如图 4.4 所示，根据图纸列出楼地面工程量清单。

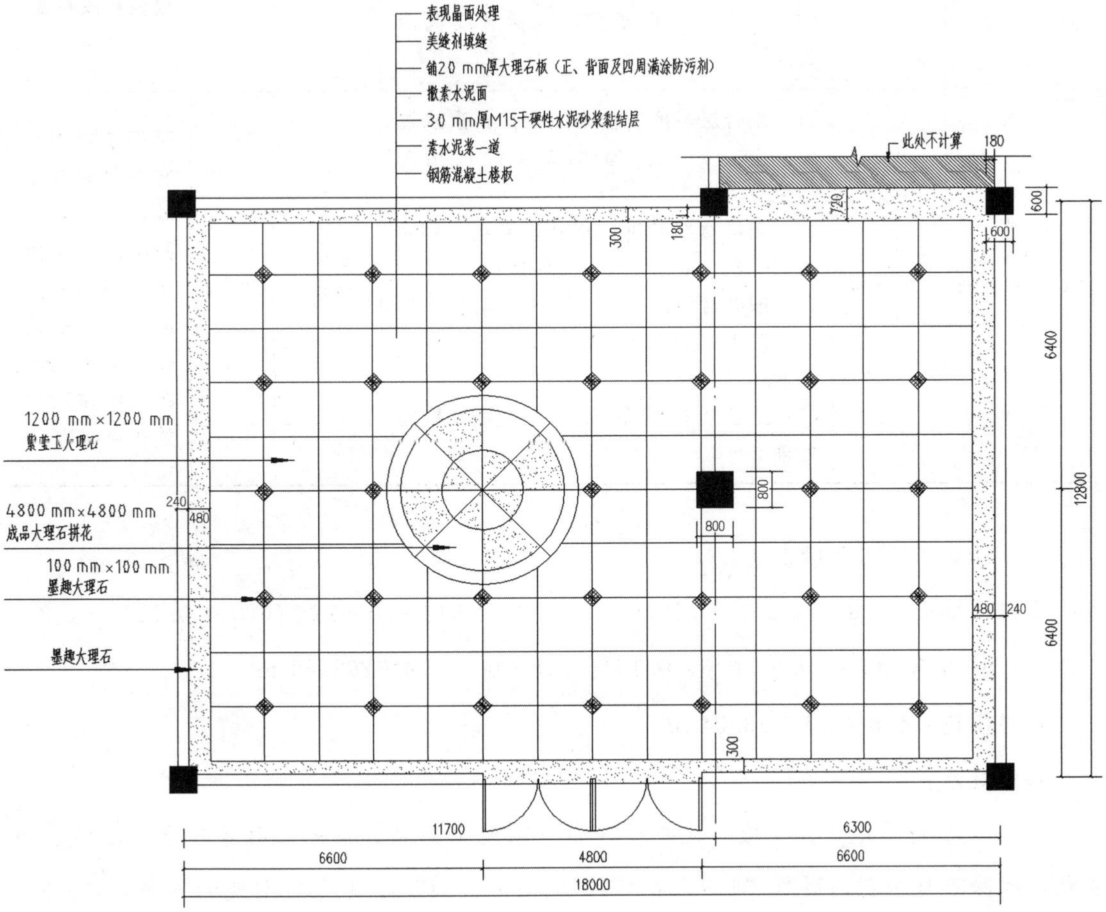

图 4.4　建筑大厅地面铺装平面图

解：情况一：

（1）列清单项目表，如表 4.3 所示。

表 4.3　分部分项工程清单

项目编码	项目名称	项目特征	计量单位	工程量	说明
011102001001	石材楼地面	(1) 结合层厚度、砂浆配合比：素水泥浆一道，30 mm 厚 M15 干硬性水泥砂浆 (2) 面层材料品种、规格、颜色：紫莹玉大理石，1200 mm×1200 mm，点缀 100 mm×100 mm 墨趣大理石 33 个，波打线 300 ～720 mm 宽墨趣大理石 (3) 嵌缝材料种类：环氧彩砂美缝剂 (4) 防护层材料种类：底面刷养护液，表面刷保护液 (5) 酸洗、打蜡要求：石材表面晶面处理	m^2	202.69	大理石点缀和波打线可以列成一个清单，也可以分开列清单，此处合列为一个清单，在项目特征中描述石材点缀和波打线
011102001002	石材拼花（原石材楼地面）	(1) 结合层厚度、砂浆配合比：素水泥浆一道，30 mm 厚 M15 干硬性水泥砂浆 (2) 面层材料品种、规格、颜色：4800 mm×4800 mm 大理石成品拼花 (3) 嵌缝材料种类：环氧彩砂美缝剂 (4) 防护层材料种类：底面刷养护液，表面刷保护液 (5) 酸洗、打蜡要求：石材表面晶面处理	m^2	23.04	国标清单中没有石材拼花清单，在实际工程中，石材拼花一般为成品定制，且造价较高，因此，在列清单时单独列项

（2）计算清单工程量。

石材楼地面：(18 − 0.24) × (12.8 − 0.24) + (6.3 − 0.6) × (0.3 + 0.12) + 4.8 × 0.24 − 4.8 × 4.8 − 0.8 × 0.8 − 0.6 × 0.18 − 0.18 × 0.18 × 4 = 202.69 m^2

石材拼花：4.8 × 4.8 = 23.04 m^2

特别提示：

1. 由于石材楼地面、点缀、波打线作为一项清单列项，清单工程量包含了点缀、波打线，扣除石材拼花的面积“4.8×4.8”，“4.8×0.24”是南边门洞处的面积，“0.8×0.8”是中间柱的面积，“0.6×0.18”是北面边柱的面积，“0.18×0.18×4”是四个角柱的面积。

2. 石材拼花工程量按拼花外围石材矩形面积计算。

情况二：

(1) 列清单项目表，如表 4.4 所示。

表 4.4　分部分项工程清单

项目编码	项目名称	项目特征	计量单位	工程量	工程量计算规则
011102001001	石材楼地面	(1) 结合层厚度、砂浆配合比：素水泥浆一道，30 mm 厚 M15 干硬性水泥砂浆 (2) 面层材料品种、规格、颜色：紫莹玉大理石，1200 mm ×1200 mm (3) 嵌缝材料种类：环氧彩砂美缝剂 (4) 防护层材料种类：底面刷养护液，表面刷保护液 (5) 酸洗、打蜡要求：石材表面晶面处理	m^2	177.25	石材点缀、大理石波打线分开列项，项目特征中不用描述
011102001002	石材波打线（原石材楼地面）	(1) 结合层厚度、砂浆配合比：素水泥浆一道，30 mm 厚 M15 干硬性水泥砂浆 (2) 面层材料品种、规格、颜色：300 ～720 mm 宽墨趣大理石 (3) 嵌缝材料种类：环氧彩砂美缝剂 (4) 防护层材料种类：底面刷养护液，表面刷保护液 (5) 酸洗、打蜡要求：石材表面晶面处理	m^2	25.45	石材波打线单独列清单，构造层次与石材楼地面一致
011108001001	石材点缀（原石材零星项目）	(1) 工程部位：大堂楼地面点缀 (2) 面层材料品种、规格、颜色：点缀 100 mm ×100 mm 墨趣大理石 33 个	个	33	石材零星项目的计量单位是“m^2”，考虑到每个点缀大小一致且面积非常小，为方便计量和计价，计量单位为“个”更合适

续表

项目编码	项目名称	项目特征	计量单位	工程量	工程量计算规则
011102001003	石材拼花（原石材楼地面）	(1) 结合层厚度、砂浆配合比：素水泥浆一道，30 mm 厚 M15 干硬性水泥砂浆 (2) 面层材料品种、规格、颜色：4800 mm × 4800 mm 大理石成品拼花 (3) 嵌缝材料种类：环氧彩砂美缝剂 (4) 防护层材料种类：底面刷养护液，表面刷保护液 (5) 酸洗、打蜡要求：石材表面晶面处理	m^2	23.04	国标清单中没有石材拼花清单，在实际工程中，石材拼花一般为成品定制，且造价较高，单独列项更为合理

（2）计算清单工程量。

石材楼地面：(18－0.12×2－0.48×2)×(12.8－0.12×2－0.3×2)－4.8×4.8－0.8×0.8＝177.25 m^2

石材波打线：0.48×(12.8－0.12×2－0.3×2)×2＋0.3×(18－0.12×2－0.48×2)×2＋0.24×4.8＋(0.72－0.3)×(6.3－0.3×2)＋(0.3×0.48－0.18×0.18)×4－0.18×0.6＝25.45 m^2

石材点缀：33 个

石材拼花：4.8×4.8＝23.04 m^2

特别提示：

1. 石材楼地面工程量需扣除“4.8×4.8”拼花面积和“0.8×0.8”中间柱面积，点缀的构造层次与石材楼地面工程一致，为了方便计算，不扣除点缀面积，在点缀的项目特征描述中仅描述点缀的面层，仅对面层计价，其他构造层次已包含在石材楼地面中。

2. 石材波打线工程量计算式中“0.48×（12.8－0.12×2－0.3×2）×2”指东西两侧位置，“0.3×（18－0.12×2－0.48×2）×2”指南北两边位置。0.48 mm 宽与 0.3 mm宽波打线相交的四个墙角处单独计算，即“（0.3×0.48－0.18×0.18）×4”，“0.18×0.18”是角柱的面积。“0.18×0.6”指北面边柱，“0.24×4.8”指南边门洞。“（0.72－0.3）×（6.3－0.3×2）”指 0.72 m 宽的波打线面积，此处“0.72－0.3”是

由于 0.3 mm 宽的波打线在计算南北两边位置时已计算，因此扣除 0.3 mm 的宽度。

大部分楼地面装饰装修材料较单一，对于采用单一材质的地面，列工程量清单时较容易判断；但在有些装饰设计中，为了达到一定的设计效果，烘托气氛，楼地面往往采用多种材质，在这种情况下，选择和划分清单项目让很多新手觉得很棘手。如图 4.4 所示，这里的地面装饰除了大面积铺贴 1200 mm×1200 mm 紫莹玉大理石外，还用到了一些装饰手法，如 100 mm×100 mm 墨趣大理石点缀、墨趣大理石沿墙处的波打线以及 4800 mm×4800 mm 成品大理拼花。遇到这种情况，应从做法上进行分析。从材料的种类来看，虽然装饰面层的材料种类丰富，但都是大理石材，只是花色不同；从楼面装饰的构造层次来看，除了面层材料不同以外，其他均完全相同；从主次分析来看，以紫莹玉大理石铺贴占绝大部分面积，其他的仅为一小部分。因此，为了简化计算，可以将所有的大理石楼地面不分品种和规格，都列在同一张清单之内，在进行项目特征描述时，对面层材质和规格进行详细的区分。由于成品拼花是在预制厂里面定做的，其价格与其他部分相差较大，因此单独列项。

也有人认为，应该将 100 mm×100 mm 墨趣大理石点缀、墨趣大理石沿墙处的波打线也单独列为石材楼地面清单，虽然这样也不违背国标清单的原则，但在计算清单工程量，特别是在套定额以及计算定额工程时，面层以下的构造层次均要将同一项定额重复多次套用，相当烦琐，因此建议将这些面层材料略有差异但构造层次一致的内容列为同一项清单。

在计算工程量时，除了拼花单独计算面积，其他的部分均合并计算工程量，不再区分点缀、波打线。需要特别注意的是，由于按设计图示尺寸以面积计算，应扣除中间大柱和四周角柱所占的面积。在计算工程量时，中间的拼花部分应按照最大外围矩形面积计算，虽然拼花的花形是圆形的，但在预制时，会将四周的矩形边框切好，以便于现场铺贴。

由于石材楼地面清单在该工程中使用了两次，除了项目名称、项目特征可以区分之外，清单项目编码中的自然码也要加以区分，如首次使用“011102001001”，第二次使用“011102001002”。项目特征中有酸洗打蜡一项，酸洗打蜡可以使石材地面更加光滑光亮，增强装饰效果。因此，在一些高档的室内装饰中，图纸上并没有明确说明是否要做酸洗打蜡，但一般施工时都会有相应的要求。

4.2 墙柱面干挂及幕墙工程

4.2.1 墙柱面干挂及幕墙工程量清单编制

1. 墙柱面干挂及幕墙工程的概念

墙柱面干挂按空间位置可分为外墙柱面干挂和内墙柱面干挂；按材料主要分为石材干挂、瓷砖干挂、金属装饰板干挂、复合板干挂、水泥板干挂等。

幕墙工程在《房屋建筑与装饰工程工程量计算标准》（GB/T 50854—2024）中是指玻璃幕墙，分为构件式玻璃幕墙和全玻（无框玻璃）幕墙。构件式玻璃幕墙又分为全隐框玻璃幕墙、半隐框玻璃幕墙和明框玻璃幕墙。

2. 墙柱面干挂及幕墙工程量清单

在《房屋建筑与装饰工程工程量计算标准》（GB/T 50854—2024）中，墙柱面干挂及幕墙工程包含在“附录 M 墙、柱面装饰与隔断、幕墙工程”中，墙柱面干挂包含在“M.3 墙、柱面块料面层”中，幕墙工程包含在“M.9 幕墙工程”中。

3. 墙柱面干挂及幕墙工程量清单编制要点

墙柱面干挂及幕墙工程是墙柱面工程的重要组成部分。在编制工程量清单时应注意以下要点：

（1）确定墙柱面干挂及幕墙工程的构造层次和施工工艺，项目特征内容与构造层次和施工工艺直接相关。构造层次在施工图中常以墙柱面节点大样图呈现，施工工艺常体现在施工图的设计说明中。如果均未体现且无法落实具体做法，可按施工中的常规做法确定项目特征内容。

（2）按《房屋建筑与装饰工程工程量计算标准》（GB/T 50854—2024）中的计算规则计算工程量。

（3）对于有争议的部分，条件允许时可以现场实测实量。

（4）干挂石材钢骨架按“t”计算工程，需掌握竖向主龙骨、横向支撑龙骨以及后置件的规格、间距。

4.2.2 典型示例

【例 4.4】某建筑抗震外墙 200 mm 厚，如图 4.5 和图 4.6 所示，满挂 800 mm×800

mm×25 mm 花岗岩，采用型钢骨架，8＃镀锌槽钢（主龙骨）间距 1200 mm，自 0.000 处向上至顶布置，50 mm×50 mm×5 mm 镀锌角钢（副龙骨）全长布置，间距 800 mm，后置件间距 1200 mm×3000 mm，当遇到门窗洞口时，假设龙骨不考虑截断，面层包至半个洞口侧面，在墙边处用同种石材收边，收边宽 150 mm，列出墙面工程量清单。

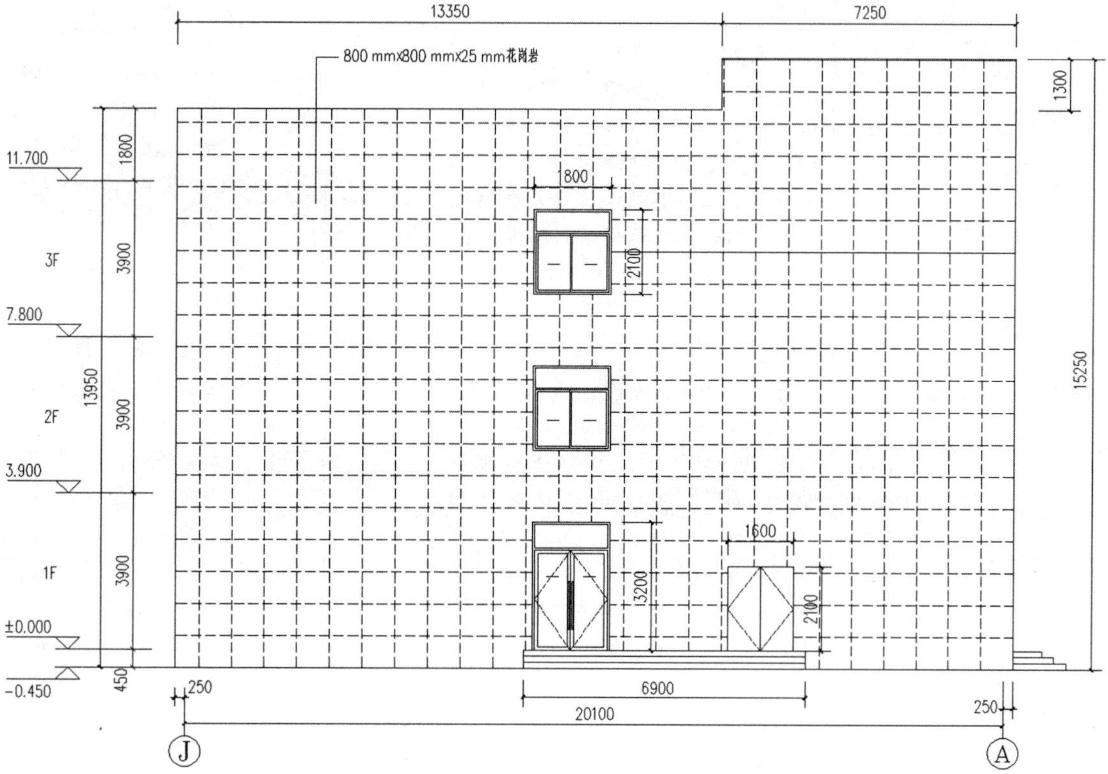

图 4.5　建筑外墙装饰示意图

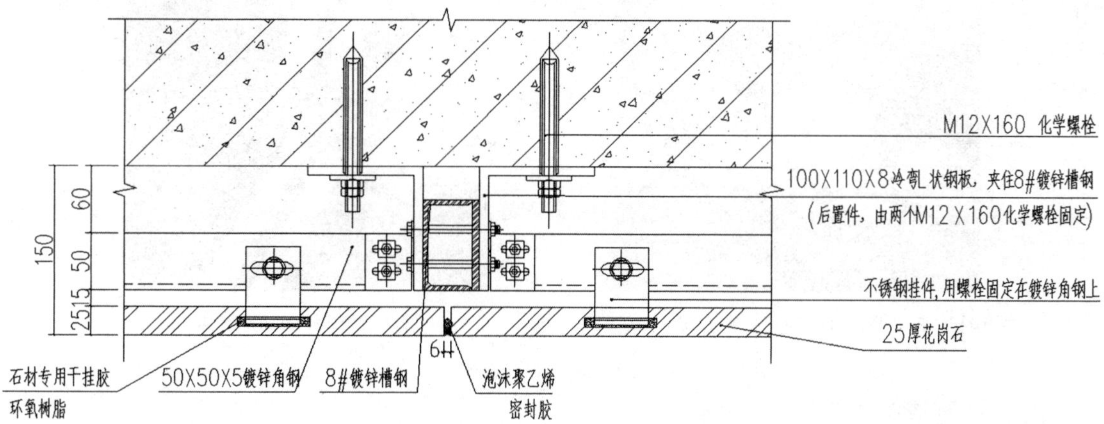

图 4.6　干挂石材墙面节点详图

解：（1）列清单项目表，如表 4.5 所示。

表 4.5　分部分项工程清单

项目编码	项目名称	项目特征	计量单位	工程量	说明
011203001001	石材墙面	（1）墙体类型：建筑抗震混凝土外墙 （2）安装方式：干挂 （3）面层材料品种、规格：800 mm×800 mm×25 mm 花岗岩 （4）缝宽、嵌缝材料种类：6 mm 宽缝隙，柔性条状泡沫聚乙烯（图 4.7）填塞，硅酮耐候密封胶嵌缝 （5）防护材料种类：美纹纸(图 4.8)	m^2	292.08	墙面干挂石材是墙面块料面层，在国标清单中不属于“幕墙工程”范畴，应列“011203001 石材墙面”清单
01B001	干挂石材钢骨架	（1）骨架种类、规格：主龙骨为 8 ＃镀锌槽钢，中距 1200 mm；副龙骨为 50 mm×50 mm×5 mm 镀锌角钢，中距 800 mm；后置件为 100 mm×110 mm×8 mm 冷弯钢板，中距 1200 mm×3000 mm （2）防锈漆品种、遍数：镀锌钢材连接处补防锈漆一遍	t	3.640	干挂石材钢骨架是隐蔽工程，钢骨架由主龙骨(立柱)、副龙骨(横梁)、后置件构成，不包括挂件。虽为镀锌钢材，但在施工过程中会破坏镀锌层，特别是在钢材的连接处，因此要补防锈漆

图 4.7　柔性条状泡沫聚乙烯

图 4.8　美纹纸

（2）计算清单工程量。

门窗台阶洞口面积：2.1×1.8×2＋1.8×3.2＋1.6×2.1＋6.9×0.45＝19.79 m^2

门窗洞口侧面积：(0.15＋0.1)×[(1.8＋2.1)×4＋1.8＋3.2×2＋1.6＋2.1×2]＝7.4 m^2

墙边侧面积：0.15×(15.25×2＋13.35＋7.25)＝7.67 m^2

石材墙面：(20.1＋0.5)×15.25－13.35×1.3－19.79＋7.4＋7.67＝292.08 m^2

8＃镀锌槽钢：7.25÷1.2＋1＝7 根

13.35÷1.2＝11 根

查 8＃槽钢理论重量：8.045 kg/m

[7×(15.25－0.45)＋11×(15.25－0.45－1.3)]×8.045＝2028.14 kg

50 mm×50 mm×5 mm 镀锌角钢：(15.25－0.45－1.3)÷0.8＋1＝18 根

1.3÷0.8＝2 根

查 50 mm×50 mm×5 mm 角钢理论重量：3.77 kg/m

(18×20.6＋2×7.25)×3.77＝1452.58 kg

后置件：20.6÷1.2＋1＝18 列　7.25÷1.2＋1＝7 列（水平方向）

(15.25－0.45－1.3)÷3＋1＝6 排　1.3÷3＝1 排（垂直方向）

18×6＋1×7＝115 组

查 8＃钢板的理论重量：62.8 kg/m^2

115×0.11×0.1×62.8×2＝158.88 kg

干挂石材钢骨架：2028.14＋1452.58＋158.88＝3.640 t

特别提示：

1. 在计算 8＃镀锌槽钢根数时，计算式中的“＋1”是指在排布时，若两端都排布则“＋1”，否则，只有一端排布。

2. 8＃镀锌槽钢计算式中“13.35÷1.2”没有“＋1”，是因为 7250 mm 处在排布时已经考虑两端排布，13350 mm 处如果再“＋1”，意味着在 7250 mm 与 13350 mm 连接的位置会出现重复排布。

3. 钢材根数的计算结果不遵守四舍五入原则，应向上取整。

4. 计算式中“15.25－0.45”和“15.25－0.45－1.3”均为 8＃镀锌槽钢的单根长度。

5. 50 mm×50 mm×5 mm 镀锌角钢计算式中“20.6”和“7.25”均为 50 mm×50 mm×5 mm 镀锌角钢的单根长度。

(3) 计算钢材工程量。

在工程量计算规则中，钢材都是按“t”计算。钢材的形态主要有线状和面状，不同形态的钢材计算方法略有不同。

线状钢材按截面形式不同又分为钢筋、钢管、角钢、槽钢、工字钢等，其工程量计算步骤如下：

第一步：计算单根长度。

第二步：计算根数。

第三步：总长度＝Σ（单根长度×根数）。

第四步：根据型号查找钢材理论质量，即 1 m 钢材有多少 kg。

第五步：钢材质量＝总长度×钢材理论质量。

第六步：单位换算，将 kg 换算成 t。

面状钢材主要是指钢板，其工程量计算步骤如下：

第一步：计算单块面积。

第二步：计算块数，即总共有多少块钢板。

第三步：总面积＝Σ（单块面积×块数）。

第四步：根据型号查找钢板理论质量，即 1 m^2 钢板有多少 kg。

第五步：钢板质量＝总面积×钢板理论质量。

第六步：单位换算，将 kg 换算成 t。

外墙干挂花岗岩，也就是我们常说的干挂石材幕墙，因为有“幕墙”二字，在编制清单时，很多造价人员将其列为幕墙工程中的“带骨架幕墙”清单项目。将“幕墙”两个字拆开来分析，“幕”指为达到一定的装饰效果，将墙面做成像幕布一样大面积的整体墙面；“墙”指墙体，非承重墙具有分隔或围护的功能，承重墙还具有承受上部荷载的作用。干挂花岗岩虽然俗称石材幕墙，但实际上它只具备“幕”的作用，即美化外墙的作用，不具备“墙”的功能，即不具备分隔、围护、承重等功能，不是真正意义上的幕墙。编制清单时，干挂花岗岩应按墙面块料面层中的石材墙面编制清单项目，将花岗岩的规格、填缝材料、干挂件作为项目特征进行描述。石材墙面清单项目主要是指将石材通过干挂件挂在钢骨架上，此项清单中没有包括钢骨架，因此还应列出干挂石材钢骨架清单项目。钢骨架指的是竖向主龙骨与水平副龙骨形成的网格状骨架，通过后置件将主龙骨与原建筑墙体固定，因此后置件应作为钢骨架的一部分，在干挂石材钢骨架清单项目特征中进行描述。

【例 4.5】如图 4.9 所示，某酒店大厅共有 800 mm×800 mm×3000 mm 的立柱 4 根，采用 1000 mm×1000 mm 紫莹玉大理石干挂（背栓式），柱阳角处石材磨边 45°，美缝剂填缝，石材表面酸洗打蜡，列出柱面工程量清单。

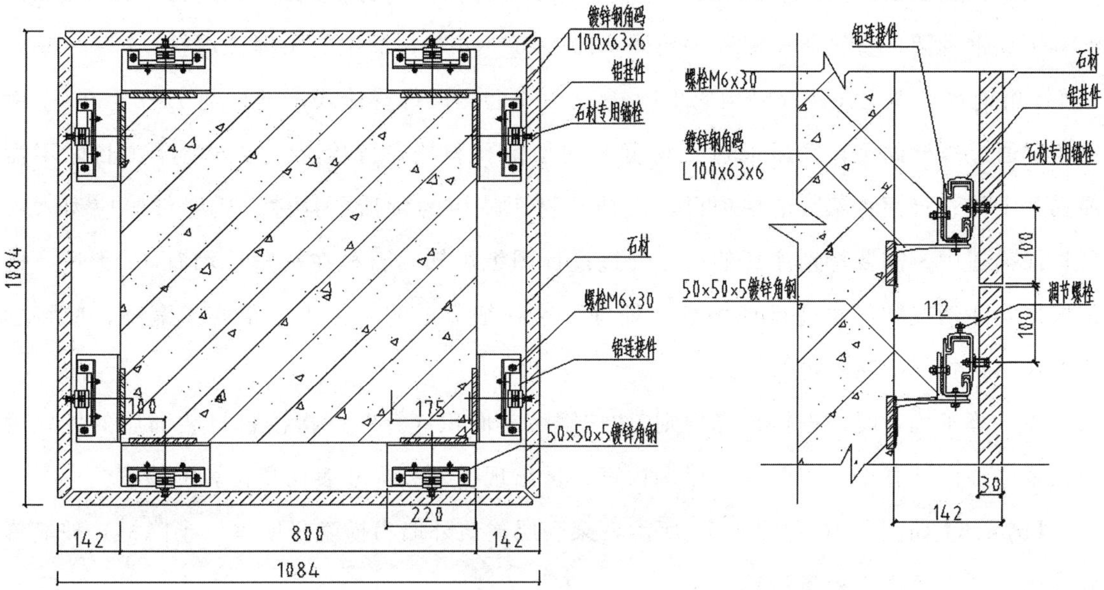

图 4.9　干挂石材柱面剖面图和节点详图

解：（1）列清单项目表，如表 4.6 所示。

表 4.6　分部分项工程清单

项目编码	项目名称	项目特征	计量单位	工程量	说明
011203001001	石材柱面	（1）安装方式：背栓式挂件干挂 （2）面层材料品种、规格：1000 mm×1000 mm×30 mm 花岗岩 （3）缝宽、嵌缝材料种类：5 mm 缝宽，环氧彩砂美缝剂填缝 （4）防护材料种类：底面刷养护液，表面刷保护液 （5）磨光、酸洗、打蜡要求：草酸清洗，上硬白蜡 （6）石材磨边：柱阳角处石材磨边 45°	m^2	52.03	通过图纸可知，柱阳角处石材磨边 45°，原国标清单的项目特征中没有磨边，因此增加磨边的项目特征

（2）计算清单工程量。

石材柱面表面积：$1.084\times4\times3\times4=52.03\ m^2$

特别提示：

石材柱面工程量按镶贴表面积计算。1084 mm 是石材柱面最大外围边长。

根据设计图纸的要求，该柱面装饰为干挂石材柱面（背栓式），在进行柱面干挂时，没有用到钢骨架，直接通过镀锌钢角码 L100×63×6 与柱面中的预埋件焊接，L50×50×5 镀锌角钢水平固定在镀锌钢角码 L100×63×6 上，再将背栓式干挂件与 L50×50×5 镀锌角钢通过螺栓固定，最后通过石材背面的预留孔洞挂在背栓上。在列清单项目时不需要列“干挂石材钢骨架”清单项目，干挂石材所使用的背栓式挂件、后置件等应列入项目特征描述中。需要特别注意的是，通过设计图纸可知，石材在柱角处均有 45°磨边，通常根据实际情况和尺寸进行现场磨边处理，这种细节上的施工工艺很容易漏项，应特别注意在项目特征中对其进行描述。

在计算工程量时，根据计算规则，“按镶贴表面积计算”是指按石材装饰后的柱外围周长乘以柱高计算镶贴表面积，很多预算人员出现按未装饰柱表面积计算的错误。

【例 4.6】如图 4.10 和图 4.11 所示，某高层建筑外墙为横隐竖明框（半隐框）玻璃幕墙装饰，列出墙面工程量清单。

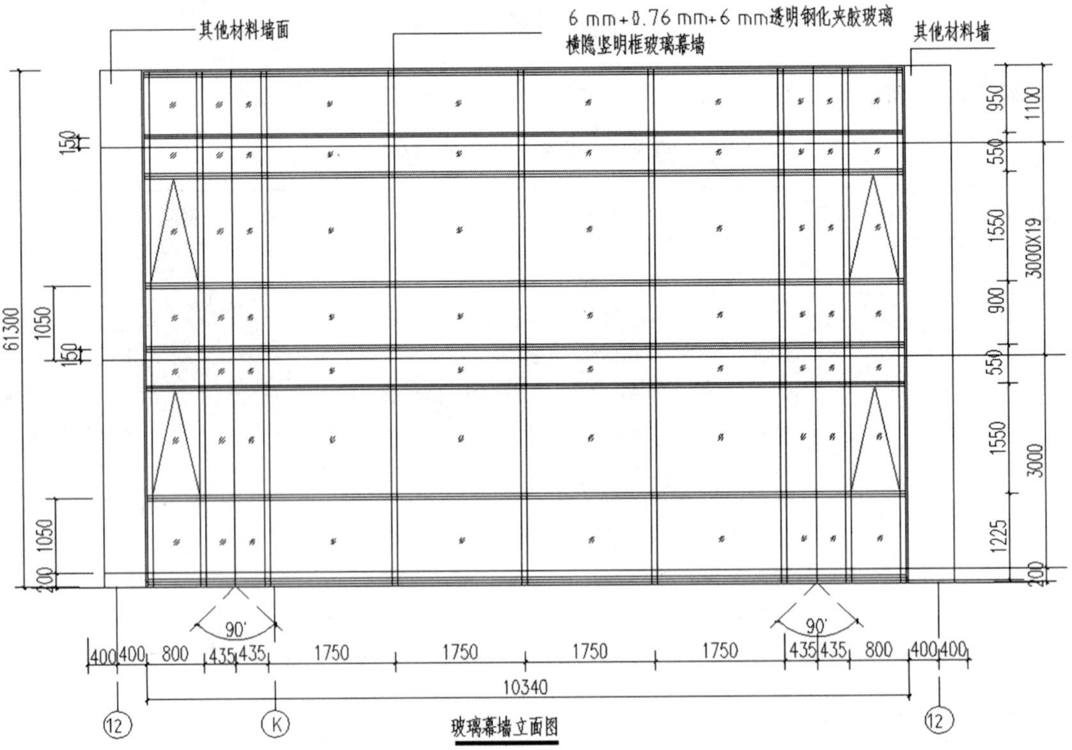

图 4.10 玻璃幕墙立面展开图

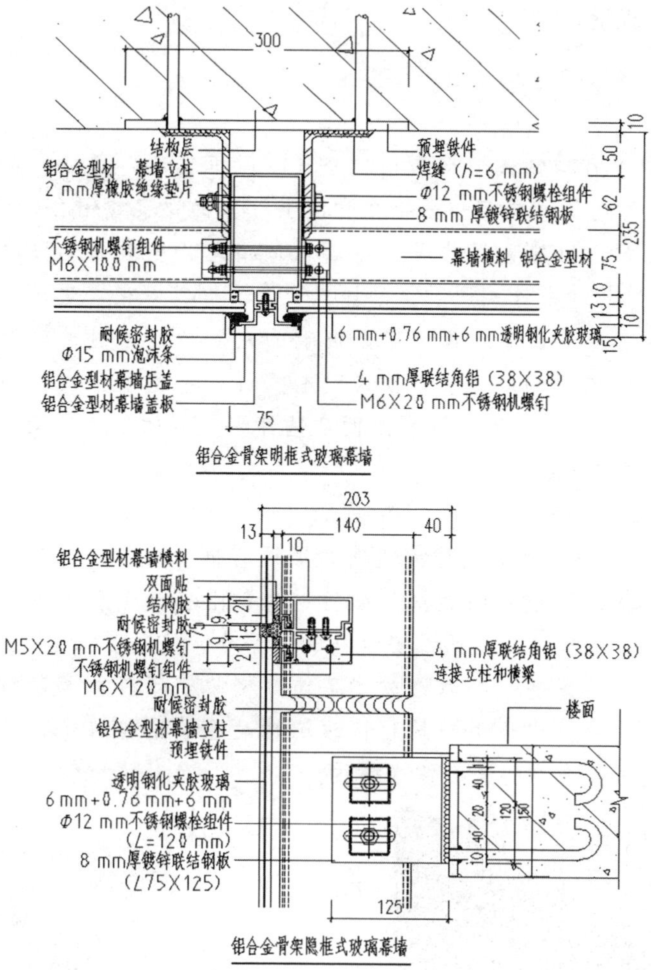

图 4.11　玻璃幕墙节点详图

解：（1）列清单项目表，如表 4.7 所示。

表 4.7　分部分项工程清单

项目编码	项目名称	项目特征	计量单位	工程量	说明
011206001001	构件式玻璃幕墙	（1）骨架材料种类、规格、中距：立柱 75 mm 宽铝合金型材，中距 1750 mm；横梁 75 mm 宽铝合金型材，中距 1550/500 mm （2）面层材料品种、规格：6 mm＋0.76 mm＋6 mm 透明钢化夹胶玻璃 （3）面层固定方式：横隐框，结构胶固定，竖明框 （4）嵌缝、塞口材料种类：Φ15 mm 泡沫条嵌缝，耐候密封胶密封	m^2	633.84	在国标清单的幕墙工程中有 011206001 构件式玻璃幕墙、011206006 全玻（无框玻璃）幕墙、011206007 点支承式玻璃幕墙，此处属于构件式玻璃幕墙

(2) 计算清单工程量。

带骨架幕墙：10.34×61.3=633.84 m^2

特别提示：

1. 幕墙工程清单中有构件式玻璃幕墙、全玻（无框玻璃）幕墙、点支承玻璃幕墙三种情况。构件式玻璃幕墙指面层四边固定在骨架上（型钢骨架或铝合金骨架），如图 4.12 所示，虽为全玻璃面层，但应选择构件式玻璃幕墙清单。全玻（无框玻璃）幕墙包括点式［图 4.13（a）（b）］和吊挂式两种。吊挂式通常没有钢骨架，玻璃的上边通过吊挂构件吊挂在建筑结构层上，下边在地面固定，玻璃的左右两边通过玻璃肋竖向支撑。吊挂式玻璃幕墙由于竖向仅靠玻璃肋支撑，横向没有支撑，不适用于太高的墙面。点支承式玻璃幕墙［图 4.13（c）］通过四爪挂件或两爪挂件将玻璃的四个角固定在钢骨架上，玻璃的四条边与骨架没有连接。

2. 构件式玻璃幕墙又分为明框式［图 4.12（a）（b）］、隐框式［图 4.12（c）］和半隐框式［图 4.12（d）］。明框式是指玻璃的周边有框材结构，将玻璃的边部包住，使玻璃的边部未露于明处；隐框式则相反，框材结构黏附在玻璃周边的内表面，玻璃的外表面全部露于明处；半隐框式则是两种安装结构的结合，在一个板面上有露边和不露边，此种结构较隐框式安全性更高。半隐框玻璃幕墙分横隐竖不隐或竖隐横不隐两种。不论哪种半隐框幕墙，均为一对应边用结构胶将玻璃粘贴在装配组件上，而另一对应边采用铝合金镶嵌槽，将玻璃镶嵌在铝合金镶嵌槽内。

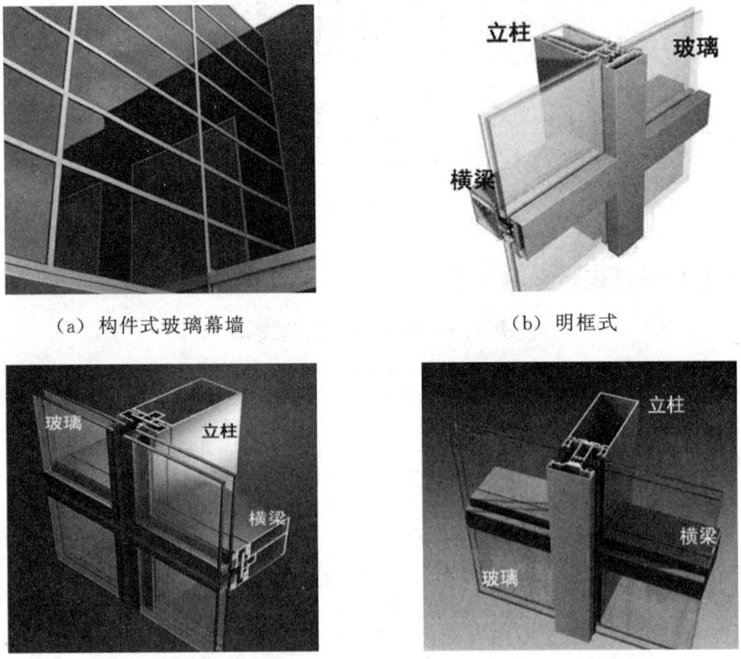

(a) 构件式玻璃幕墙　(b) 明框式

(c) 隐框式　(d) 半隐框式

图 4.12　构件式玻璃幕墙

（a）全玻（无框玻璃）幕墙

（b）玻璃肋支撑

（c）点支承式玻璃幕墙

图 4.13　全玻（无框玻璃）幕墙和点支承式玻璃幕墙

4.3　软膜天花吊顶工程

4.3.1　软膜天花吊顶工程量清单编制

1. 软膜天花吊顶工程的概念

软膜是一种柔性装修材料，用于天花和墙面的装饰，能配合设计师的艺术构思制作出多种平面和立体的设计效果，如图 4.14～图 4.16 所示。

图 4.14　软膜立柱装饰

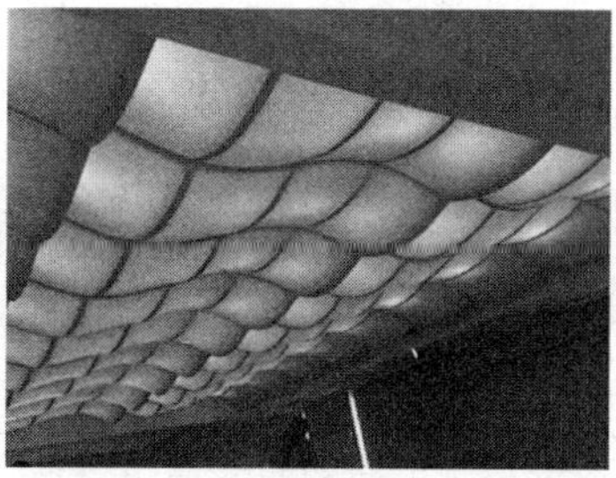

图 4.15　软膜天花立体天棚

图 4.16　软膜天花吊顶

2. 软膜天花吊顶工程量清单

在《房屋建筑与装饰工程工程量计算标准》（GB/T 50854—2024）中，软膜天花吊顶属于“附录 N 天棚工程”，项目编码和项目名称为“011302007 织物软雕吊顶”。

3. 软膜天花吊顶工程量清单编制要点

软膜天花吊顶是装饰装修工程中常见的一种吊顶形式，在编制工程量清单时应注意以下要点：

（1）确定软膜天花吊顶的骨架和面层材料的种类、规格。

（2）确定软膜天花吊顶的构造层次和施工工艺，如无法落实具体做法，可按施工中的常规做法确定项目特征内容。

（3）按《房屋建筑与装饰工程工程量计算标准》（GB/T 50854—2024）“011302004 格栅吊顶”计算规则计算工程量：按设计图示尺寸以水平投影面积计算。

（4）对于有争议的部分，条件允许时可以现场实测实量。

4.3.2 典型示例

【例 4.7】根据图 4.17，列出顶棚装饰工程量清单。

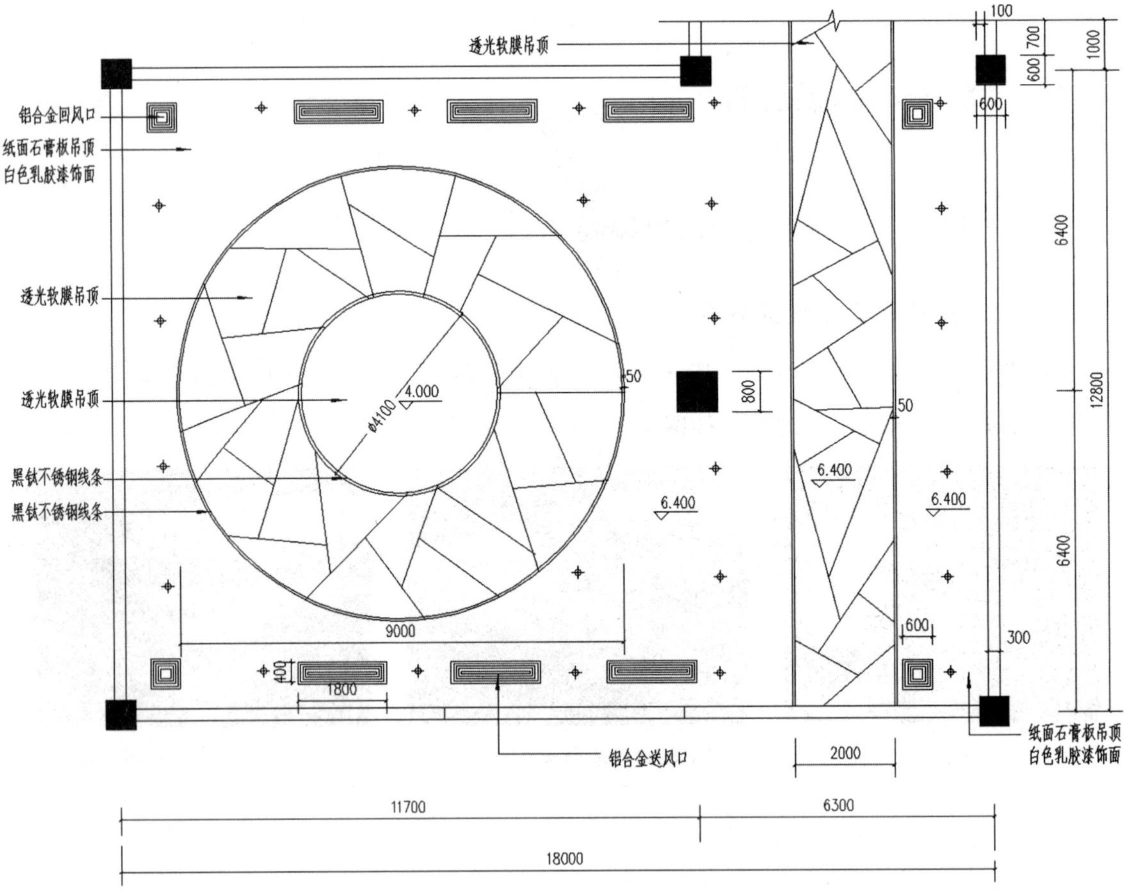

图 4.17　顶棚平面图

解：（1）列清单项目表，如表 4.8 所示。

表 4.8　分部分项工程清单

项目编码	项目名称	项目特征	计量单位	工程量	说明
011302001001	吊顶天棚	（1）吊顶形式、吊杆规格、高度：直径 8 mm 吊筋吊至设计标高 （2）龙骨材料种类、规格、中距：装配式 U 型轻钢龙骨不上人型（平面）面层规格 600 mm×600 mm 以上 （3）基层材料种类、规格：9.5 mm 厚纸面石膏板 （4）嵌缝材料种类：板缝内嵌缝膏，外贴绷带（牛皮纸或网格带）	m^2	130.86	纸面石膏板吊顶是整个顶棚工程的一部分，在列清单时单独列项
011403001001	吊顶乳胶漆	（1）基层类型：9.5 mm 厚纸面石膏板 （2）腻子种类：成品抗裂腻子 （3）刮腻子遍数：2 遍 （4）油漆品种、刷漆遍数：白色乳胶漆，2 遍 （5）部位：纸面石膏板吊顶	m^2	130.86	纸面石膏板吊顶常用的面层装饰，图中未说明乳胶漆的做法，按常规施工工艺进行项目特征描述
011302007001	织物软雕吊顶	（1）骨架材料种类、规格：铝合金透光软膜专用骨架 （2）面层材料品种、规格：白色透光软膜	m^2	90.89	软膜天花吊顶是最常见的织物软雕吊顶。除此之外，还有其他织物的吊顶，如冰绸布、弹力布等
011502001001	弧形金属装饰线	（1）基层类型：纸面石膏板、透光软膜 （2）线条材料品种、规格、颜色：50 mm 宽圆弧形黑钛不锈钢 U 形装饰线	m	41.13	因弧形与直形线条的报价有较大差异，虽都为金属装饰线，应分开列清单
011502001002	金属装饰线	（1）基层类型：纸面石膏板、透光软膜 （2）线条材料品种、规格、颜色：50 mm 宽直线形黑钛不锈钢 U 形装饰线	m	27.30	

续表

项目编码	项目名称	项目特征	计量单位	工程量	说明
011303002001	送风口	(1) 风口材料品种、规格：铝合金，1800 mm×400 mm (2) 安装固定方式：自攻螺丝固定	个	6	送风口与回风口的构造略有不同。送风口是将冷空气从空调送出，回风口是将房间的空气送回空调制冷，所以回风口一般有滤网，防止蚊虫随着回风进入空调，而送风口是向外吹出冷风，则没有必要设置滤网。二者在列清单时不能混淆，应分开列项目清单
011303003002	回风口	(1) 风口材料品种、规格：铝合金，600 mm×600 mm (2) 安装固定方式：自攻螺丝固定	个	4	
01B001	灯具开孔	(1) 部位：天棚 (2) 打洞部位材质：9.5 mm 厚纸面石膏板 (3) 洞尺寸：直径 50 mm	个	24	虽然都是灯具开孔，但开孔的大小与开孔难度相关，难度与报价相关，因此，开孔清单应根据开孔部位、开孔大小分开列清单
01B002	送风口开孔	(1) 部位：天棚 (2) 打洞部位材质：9.5 mm 厚纸面石膏板 (3) 洞尺寸：1800 mm×400 mm	个	6	
01B003	回风口开孔	(1) 部位：天棚 (2) 打洞部位材质：9.5 mm 厚纸面石膏板 (3) 洞尺寸：600 mm×600 mm	个	4	

(2) 计算清单工程量。

吊顶天棚：$(18-0.3)\times(12.8-0.3)+(0.7+0.6-0.3+0.15)\times(6.3-0.3)-0.8\times0.8-3.14\times9^2\div4-2\times(12.8-0.15+0.3+0.7)-0.6\times0.6\times4-1.8\times0.4\times6=130.86\ m^2$

单个柱面积“0.8×0.8”、送风口“1.8×0.4”、回风口“0.6×0.6>0.3 ”应扣除

吊顶乳胶漆：同吊顶天棚，$130.86\ m^2$

织物软雕吊顶：$3.14\times9^2\div4+2\times(12.8-0.15+0.3+0.7)=90.89\ m^2$

弧形金属装饰线：3.14×4.1+3.14×9=41.13 m

金属装饰线：2×（12.8－0.15＋0.3＋0.7）＝27.30 m

送风口：6 个

回风口：4 个

灯具开孔：24 个

送风口开孔：6 个

回风口开孔：4 个

特别提示：

1. 纸面石膏板吊顶是整个吊顶的一部分，在计算工程量时，除了扣除＞0.3 m^2 的孔洞和柱子外，还应扣除透光软膜吊顶的面积。计算式中“18－0.3”为净长，“12.8－0.3”为净宽，“（0.7＋0.6－0.3＋0.15）×（6.3－0.3）”为右上部顶棚面积，“3.14×9^2÷4”为圆形透光软膜的水平投影面积，“2×（12.8－0.15＋0.3＋0.7）”为长形透光软膜的水平投影面积。根据计算规则，不扣除柱垛所占面积，所以角柱面积不扣除。

2. 吊顶乳胶漆工程量按设计图示尺寸以面积计算，原则上，应在纸面石膏板吊顶工程量的基础上扣除 4 个角柱和 1 个边柱所占面积，因 4 个角柱和 1 个边柱所占面积很小，对工程量影响甚微，为了简化计算过程，此处吊顶乳胶漆工程量＝纸面石膏板吊顶工程量。

3. 弧形金属装饰线计算圆形周长，直线型装饰线计算直线长度。

4.4　其他装饰工程

4.4.1　其他装饰工程清单编制

1. 其他装饰工程的概念

其他装饰工程是指在拆除、新建、防水、楼地面、墙柱面、顶棚、门窗等工程中无法分类的装饰装修项目，如家具柜类、栏杆扶手、各类线条、浴厕配件、招牌灯箱等分部分项工程。其他装饰工程的内容通常在墙、顶、地的平面图和立面图中，很多时候没有单独的施工图，在编制工程量清单时容易漏项。

2. 其他装饰工程量清单

在《房屋建筑与装饰工程工程量计算标准》（GB/T 50854—2024）中，其他装饰工程主要包含在“附录 Q 其他装饰工程”中，由柜架台、装饰线、扶手栏杆栏板装饰、暖气罩、浴厕配件、雨篷旗杆装饰柱、招牌灯箱、美术字等八个部分组成。其中，装饰线条经常用来装饰楼地面、墙柱面、顶棚、门窗相关工程，因此装饰线条的清单常常出现在这些分部工程中。

3. 其他装饰工程量清单编制要点

其他装饰工程是装饰装修工程的重要组成部分，在编制工程量清单时应注意以下要点：

（1）其他装饰工程的内容一般出现在平面图和立面图中，在编制清单时，要留意其他装饰工程的内容，做好标记。

（2）确定其他装饰工程的构造层次和施工工艺，项目特征内容与构造层次和施工工艺直接相关。构造层次在施工图中常以节点大样图呈现，施工工艺常体现在施工图的设计说明中。如果均未体现且无法落实具体做法，可按施工中的常规做法确定项目特征内容。

（3）按《房屋建筑与装饰工程工程量计算标准》（GB/T 50854—2024）中的计算规则计算工程量。

（4）对于有争议的部分，条件允许时可以现场实测实量。

（5）《房屋建筑与装饰工程工程量计算标准》（GB/T 50854—2024）中存在多个计量单位的情况，只能选择一个计量单位，不可同时存在多个计量单位，根据现场实际情况以方便计量和计价为原则确定计量单位。

4.4.2 典型示例

【例 4.8】根据楼梯间平面图（图 2.12）、楼梯间剖面图（图 2.13）以及楼梯栏杆扶手装饰和节点大样（图 4.18），列出楼梯扶手、栏杆、栏板的工程量清单。

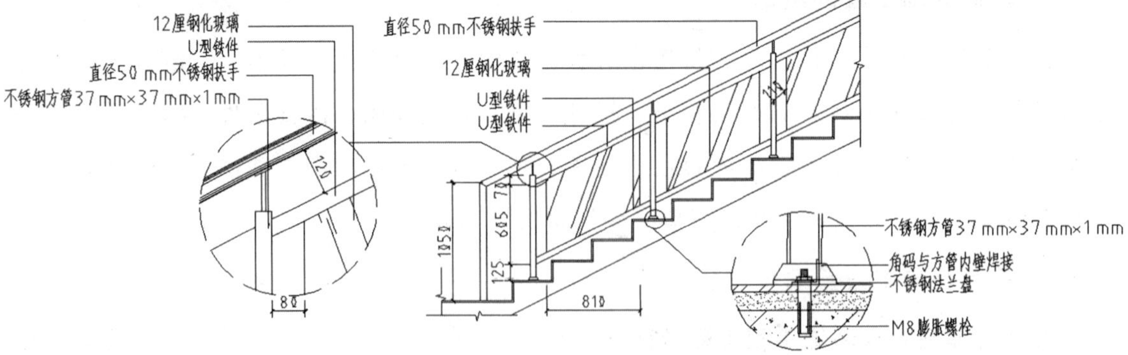

图 4.18　楼梯栏杆扶手装饰和节点大样

解：（1）列清单项目表，如表 4.9 所示。

表 4.9　分部分项工程清单

项目编码	项目名称	项目特征	计量单位	工程量	说明
011503001001	金属扶手、栏杆、栏板	（1）扶手材料种类、规格：直径 50 mm 不锈钢扶手 （2）栏杆材料种类、规格：不锈钢方管，37 mm×37 mm×1 mm （3）栏板材料种类、规格：12 mm 钢化玻璃 （4）固定配件种类：M8 膨胀螺栓固定栏杆、U 型铁件固定栏板	m	17.17	区分扶手、栏杆、栏板，图中三项内容都有，均需要描述项目特征。在有些设计中，只有玻璃栏板，没有栏杆和扶手，根据实际情况描述项目特征

（2）计算清单工程量。

金属扶手、栏杆、栏板：

斜长＝（2.97＋0.27）×4×1.167＝15.12 m

水平长＝1.65＋4×0.1＝2.05 m

合计：15.12＋2.05＝17.17 m

特别提示：

金属扶手、栏杆、栏板的工程量按长度计算，楼梯段上的扶手、栏杆、栏板按斜长计算。图中共有四个楼梯段，每个楼梯段水平长度为“2.97＋0.27”，“1.167”是楼梯的斜长系数。水平长是指楼梯段到顶楼后，水平沿升的这一部分，“0.1”是楼梯井两端的位置，呈水平状态，共有 4 处。

在列清单之前，应先对扶手、栏杆、栏板进行区分。扶手是在上楼梯时为保安全用手抓握的部分；栏杆、栏板在扶手的下方，均起安全围合、支撑扶手的作用，其中栏杆是呈线状的分格，栏板是呈面状的围合。

在设计图中主要有不锈钢和钢化玻璃两种材料。在编制清单时，选择金属扶手、栏杆、栏板项目，还是玻璃栏板项目？笔者认为，金属扶手、栏杆、栏板是全金属的，玻璃栏板是全玻璃的，玻璃既有支撑作用，又有围合作用，在设计图中采用的是金属扶手，金属支撑，玻璃围合，二者选其一均可。

4.5 措施项目

4.5.1 措施项目清单编制要点

在《房屋建筑与装饰工程工程量计算标准》(GB/T 50854—2024)中，措施项目主要包含在“附录 R 措施项目”中，有脚手架、垂直运输等 15 个清单项目，计量单位均为“项”。很难计算出具体工程量的措施项目一般以“项”为计量单位，即总价措施项目。对于可以计算出具体工程量的措施项目，可以根据措施项目的形态考虑计量的方便性，结合计价定额来确定计量单位，即单价措施项目。

4.5.2 典型示例

【例 4.9】根据例 4.4，若为单独装饰工程，外墙干挂石材，需搭设外脚手架，列出脚手架工程清单。

解：(1) 列清单项目表，如表 4.10 所示。

表 4.10　单价措施项目清单

项目编码	项目名称	项目特征	计量单位	工程量	工程量计算规则
011601001001	外脚手架	(1) 搭设高度：15.25 m、13.95 m (2) 搭设方式和材质由施工方自主决定	m^2	296.8	按所服务对象的垂直投影面积计算

(2) 计算清单工程量。

外脚手架：$13.35\times13.95+7.25\times15.25=296.8\ m^2$

脚手架是指在外墙、内部装修或因层高较高而无法直接施工的地方，为方便施工人员操作、完成垂直和水平运输而搭设的架子。脚手架是为了完成工程实体施工而必须采取的一项措施，实体施工结束后拆除，其不构成工程实体，为此而产生的费用为措施项目费。由于脚手架在预算定额消耗中有具体的人、材、机消耗量，能计算出具体的综合单价，又将此称为单价措施项目。在计算工程量时，按所服务对象的垂直投影面积计算，不扣除门窗洞口的面积。

【例 4.10】根据例 4.7 的已知条件，若同时考虑内墙面装饰，已知层高 7 m，需搭设脚手架，列出脚手架工程清单。

解：(1) 列清单项目表，如表 4.11 所示。

表 4.11　单价措施项目清单

项目编码	项目名称	项目特征	计量单位	工程量	工程量计算规则
011601001001	满堂脚手架	(1) 层高：7 m (2) 搭设方式和材质由施工方自主决定	m^2	228.15	按搭设的水平投影面积计算
011601001002	里脚手架（墙面）	(1) 层高：7 m，墙面装饰高度 6.4 m (2) 搭设方式和材质由施工方自主决定	m^2	364.8	按所服务对象的垂直投影面积计算
011601001003	里脚手架（独立柱面）	(1) 层高：7 m，柱面装饰高度 6.4 m (2) 搭设方式和材质由施工方自主决定	m^2	20.48	

(2) 计算清单工程量。

满堂脚手架：$(18-0.3)\times(12.8-0.3)+(0.7+0.3+0.15)\times(6.3-0.3)=228.15\ m^2$

里脚手架（墙面）：$[(18-0.3+12.8-0.3)+(12.8-0.15+0.3+0.7)+(0.6+0.7)+(18-0.15-6.3+0.3)]\times 6.4=364.8m^2$

里脚手架（独立柱面）：$0.8\times4\times6.4=20.48\ m^2$

特别提示：

1. 在列清单时，建议将里脚手架中的墙面装饰架与独立柱身装饰架单独列项，工程量均按所服务对象的垂直投影面积计算，突出墙体的边柱增加的宽度不计算。在里脚手架（墙身）工程量计算式中，“18－0.3”为南内墙面净长度，“12.8－0.3”为西内墙面净长度，“12.8－0.15＋0.3＋0.7”为东墙面净长度，“18－0.15－6.3＋0.3”为北内墙面净长度，“0.6＋0.7”为北内墙转角向北延伸增加的长度。将内墙面长度合计后，乘以服务对象的高度“6.4”。值得一提的是，虽然层高为 7 m，但顶棚的高度为 6.4 m，顶棚以上部分的墙面一般不会进行装饰，其脚手架的计算高度为所服务对象的高度，即墙面装饰高度。

2. 在计算独立柱面脚手架时，其服务对象的垂直投影面积即为独立柱的装饰表面积。

3. 满堂脚手架主要服务于顶棚工程，按搭设的水平投影面积计算。计算式中“(18−0.3) × (12.8−0.3)”为主体空间的搭设面积，“(0.7+0.3+0.15) × (6.3−0.3)”为主体空间向北延伸的面积。

【例 4.11】根据例 4.6，已知高层建筑装饰工程每层建筑面积为 780 m^2，列出超高施工增加的工程清单。

解：(1) 列清单项目表，如表 4.12 所示。

表 4.12　单价措施项目清单

项目编码	项目名称	项目特征	计量单位	工程量	工程量计算规则
01B001	超高施工增加	(1) 檐高：61.3 m (2) 层数：共 20 层，超高 14 层	m^2	10920	按建筑物超高部分的建筑面积计算

(2) 计算清单工程量。

超高施工增加：780×14=10920 m^2

特别提示：

1. 超高施工增加费是指当建筑物的檐高超过规定高度时，需要额外支付的费用。这一费用通常包括人工费、机械降效费、施工电梯使用费、安全措施增加费、通信联络费、建筑垃圾清理及排污费、高层加压水泵的台班费等。具体计算方式根据超过部分的建筑面积或层高进行。

2. 国标清单中规定，单层建筑物檐口高度超过 20 m、多层建筑物超过 6 层时，可按超高部分的建筑面积计算超高施工增加费。通过分析设计图纸可知，该建筑共 20 层，共有 14 层超高，应列超高施工增加项目清单，工程量的计算按建筑物超高部分的建筑面积计算。

参考文献

[1] 中华人民共和国住房和城乡建设部. 建设工程工程量清单计价标准：GB/T 50500—2024 [S].

[2] 中华人民共和国住房和城乡建设部. 房屋建筑与装饰工程工程量计算标准：GB/T 50854—2024 [S].

[3] 湖南省建设工程造价管理总站. 湖南省房屋建筑与装饰工程消耗量标准（基价表）（上册）[S]. 北京：中国建材工业出版社，2020.

[4] 湖南省建设工程造价管理总站. 湖南省房屋建筑与装饰工程消耗量标准（基价表）（下册）[S]. 北京：中国建材工业出版社，2020 .

[5] 湖南省建设工程造价管理总站. 2020 年湖南省建设工程计价办法 [S]. 北京：中国建材工业出版社，2020.

[6] 湖南省建设工程造价管理总站. 2020 年《湖南省建设工程计价办法及附录》[S]. 北京：中国建材工业出版社，2020.

[7] 张翠竹. 装饰工程计量与计价 [M]. 长沙：中南大学出版社，2015.

[8] 张翠竹. 工程量清单计价在精装工程中的应用研究 [M]. 长沙：中南大学出版社，2016.

[9] 纪传印. 装饰工程计量与计价 [M]. 重庆：重庆大学出版社，2015.

[10] 易红霞. 建筑工程计量与计价 [M]. 长沙：中南大学出版社，2015.

[11] 刘静. 装饰装修工程量计算 [M]. 北京：中国建筑工业出版社，2010.

[12] 全国造价工程师执业资格考试培训教材编审委员会. 工程造价计价与控制 [M]. 北京：中国计划出版社，2014.

［13］张翠竹．建筑装饰工程清单与计价［M］．北京：中国建筑工业出版社，2019．

［14］张翠竹．浅谈装饰工程技术专业《装饰工程概预算》课程的教学方法［J］．科技信息，2010（5）．

［15］张翠竹．以工程项目为载体的装饰工程预算课堂教学研究［J］．教育教学论坛，2016（41）．

［16］张翠竹．高职建筑设计类专业工程预算课程特征分析及教学策略研究［J］．科教文汇，2016（9）．

［17］张翠竹．就业高压下高职装饰工程技术专业工程预算课程践行与就业接轨的教学改革探讨［J］．知识经济，2016（5）．

图书在版编目（CIP）数据

建筑装饰工程量清单编制研究 / 张翠竹著. -- 湘潭 :
湘潭大学出版社, 2025. 6. -- ISBN 978-7-5687-1766-3
Ⅰ. TU723.3
中国国家版本馆 CIP 数据核字第 202571Q2W6 号

建筑装饰工程量清单编制研究

JIANZHU ZHUANGSHI GONGCHENGLIANG QINGDAN BIANZHI YANJIU

张翠竹 著

策划编辑： 罗 联
责任编辑： 罗 联
封面设计： 张博雅
出版发行： 湘潭大学出版社
社　　址： 湖南省湘潭大学工程训练大楼
电　　话： 0731-58298960 0731-58298966（传真）
邮　　编： 411105
网　　址： http://press.xtu.edu.cn/
印　　刷： 长沙印通印刷有限公司
经　　销： 湖南省新华书店
开　　本： 787 mm×1092 mm 1/16
印　　张： 8.25
字　　数： 208 千字
版　　次： 2025 年 6 月第 1 版
印　　次： 2025 年 6 月第 1 次印刷
书　　号： ISBN 978-7-5687-1766-3
定　　价： 68.00 元